数理科学教育の
現代的展開

東北大学高度教養教育・学生支援機構 編

東北大学出版会

Building Mathematical Science
in Higher Education
Institute for Excellence in Higher Education, Tohoku University

Tohoku University Press, Sendai
ISBN978-4-86163-305-8

はじめに

——大学における数理科学教育の現代的課題

羽田　貴史

1. 今、なぜ数理科学教育か

　科学・学術の進歩と社会の必要に応え、大学教育は、日々進化すべきものである。知識基盤社会と言われる現在、国民が社会生活を営み、職業人として働き、豊かな人生を送るために身につけなければならない教養・知識の見直しが議論されている。われわれが注目しているのは、数理科学の素養である。数理科学は、数学・統計学など独立した学問分野というだけでなく、自然科学をはじめ、あらゆる学問において活用されるとともに、複雑化した現代社会を生きる上で、現代人の教養として不可欠のものである（本書第1章参照）。諸外国においては、初等教育から高等教育まで STEM（Science, Technology, Engineering and Mathematics）が推進されている（本書第3章参照）。しかし、日本は、国際的な試験では算数・数学の点数は高いが、高学年になるに従って数学嫌いが増加しているという長年の課題がある（本書第2章参照）。

　さらに大きな問題は、高校教育において、文系・理系という日本独自な区分があり、人文・社会科学に不可欠な数理科学の知識を欠いて大学に入学したり、技術が人間や社会と切り離せないのに、人文・社会科学の素養を欠いたまま入学したりする状況がある。学問研究の高度化のもとで、文系・理系の区分そのものが疑わしい。東北大学高度教養教育・学生支援機構は、教育関係共同利用拠点として 2015 年度から教育内容の開発も焦点におき、「知識基盤社会を担う専門教育指導力育成拠点－大学教員のキャリア成長を支える日本版 SoTL の開発」を拠点事業として推進してきた。

　その1つが、市民的教養及び人文・社会科学における基礎学としての

数理科学教育の再定義である（本書第1章参照）。そのために、第1回数理科学教育シンポジウム「数理科学教育の新たな展開－文系基礎学・市民的教養としての数理科学－」（平成27年度）、第2回「市民的教養としての数理科学－大学教育で数量的リテラシーを育てる－」（平成28年度）を開催し、その成果を盛り込んで、本書の出版に至っている。以下に、問題の背景等を述べたい。

2. 数学教育の意味

　大学における数学教育の課題として世上をにぎわせたのは、大学生の学力問題である。日本数学会「大学数学基礎教育ワーキンググループ」の調査研究をもとに、岡部・戸瀬・西村（1999）は、中学2年生程度の連立方程式が大学によっては正答が50%弱であること、小学校の四則演算すら20％の学生ができない大学があることを明らかにし、少数科目入試や高校での選択制の拡大、教養部の廃止など学校教育全体にわたる構造的問題を指摘した。戸瀬・西村（2001）は、理工系学部においても数学力が低下し、ゆとり教育にも大きな原因があることに警鐘を鳴らし、その結果、2008年の学習指導要領改訂によって、学習時間の増加が図られた。

　しかし、2011年に行われた日本数学会「大学生数学基本調査」（2013）では、大学生の4人に1人が平均の概念を理解していないことが明らかになった。初等教育レベルの数学能力を身に着けていない大学生が相当数いるという実態は変わっておらず、日本の学校教育全体が真剣に受け止めるべき課題である。

　問題は、「数学ができない」だけではない。あらためて言うまでもなく、数学能力（以下、数学リテラシーと呼ぶ）は、計算など日常生活に必要なスキルに止まらない。それは、ガリレオが述べたように宇宙を理解する言語、近代科学発展の原動力、論理的な分析・思考の基礎ツールでもある。歴史をさかのぼれば、プラトンとイソクラテスが数と形の学習を推奨し、ヘレニズム期のギリシャ一般基礎教養の柱であり続け（マルー，1948=1985; pp. 215-221）、中世のリベラル・アーツ（自由学芸、三

学；文法、修辞学、論理学、四科；算術、幾何学、天文学、音楽）をも構成していた。

近代科学革命は、16 世紀からの数学ルネッサンスに支えられて自然像を変革し、自然像の変革は、進歩と啓蒙の思想を形作り、自然科学教育は近代社会を支える人間能力の基底におかれた。フランス革命の啓蒙性を代表するコンドルセは、「公教育の全般的組織についての報告と法案」（1792 年 4 月 20, 21 日，コンドルセ，2002）において、高等教育機関である学院の教育内容に数学・物理学を重視した。「自然科学は偏見や狭い考えの治療法－より確実ではないにしても、少なくとも哲学そのものよりも普遍的な治療法である」（pp. 33-34）と述べていた。数学は、人間理性を形成する教養教育の主要な学術分野とされたのである。数学リテラシーの欠落は、大学教育の目的が果たされていないことを示すといってよいだろう。

3. 社会現象の認識と確率・統計

数学として認識されている学問体系は、古代バビロニアにおいて土地の測量やエジプトでのピラミッド建設など現実的必要性による数や図形の概念の形成、ギリシャにおける体系化と知的好奇心による純粋数学の発展によって形成されてきたが（森田, 2018）、人口統計など国民国家の成立と行政活動の拡大による社会統計の整備もそれを支えた。統計学は「社会認識のための有力な手段」（上杉, 1959; p. 9）でもあり、社会を設計・運営する上で統計と統計理論は欠くことができない。統計学は、応用数学の手法は使うものの、「データをもとに対象となる現象を記述し、さらに現象のモデルを構築することによって、対象に関する知見を得るための方法論を提供する学問」であり、「学問の諸分野を横断的に貫く方法論」である（日本学術会議数理科学委員会統計学分野の参照基準検討分科会, 2015; p. 2）。つまり、数学として認識されているものは、特定の分野の下位カテゴリーではなく、人文・社会科学においても必須の学問である（本書第 10 章、第 11 章、第 12 章参照）。

4. 日本における数学・統計学の受容とその歪み

　ところが、日本に欧米から近代学問が移入され、大学で制度化された際には、数学は自然科学の一部として位置付けられた。1877 年に創設された東京大学では理学部物理学の授業科目に、微分、代数、高等代数、高等幾何が外人教師によって担当され、工学では菊池大麓が数学を担当していた。1881 年には数学科が独立し、帝国大学（1886 年設置）では、理科大学に数学科が置かれて講義と演習を行ったほか、物理学科、化学科においても数学科目が講義された。工科大学では第 1 学年に数学の講義が置かれた。統計学は法科大学政治学科の科目に置かれ、のち大正期に設置された経済学部に引き継がれたものの、大学令による学部制へ変更した理学部数学科においても、確率論及び統計学が選択科目として置かれていた。

　このように、確率論や統計研究は、自然と社会をまたぐ学問でありながら、自然科学の一分野として扱われて、戦前日本の学術界に導入された。戦後改革を経た現在でもこれは変わらない。東京大学教養部教員が編集・執筆した麻生磯次ほか（1953）は、教養教育を担った大学人の平均的力量を示すものだが、数学は自然科学の中に包摂され、しかも、執筆者である田中正夫には、数学とその他の学問との関連性や、数学教育によって論理性や思考力育成が果たす意味は、全く意識されていない。

　一般教育の理念的受容において、当時最も高い水準を示した集団は大学基準協会であり、大学基準協会（1951）はその到達点であるが、自然科学の合理性や客観性をふまえた科学的態度が社会問題の考察にも重要であることを指摘するも、数学は自然科学の中に含まれ、数学の客観性や合理性、論理、思考様式は問題にならなかった。一般教育が社会の担い手を育成するという理念は受容されたものの、それを構成する学問分野のレベルにまで立ち入って再構成することはできなかったのである。

　こうして、数理科学は、世界全てを理解する共通のアプローチでありながら、学問分類においては自然科学に組み込まれ、文系・理系区分論のもとで、社会科学の体系には組み込まれてこなかった。現在でも、科

学研究費補助金「系・分野・分科・細目表」（2017 年）は、統計学を「総合系」に、数学を「理工系」に包摂しており、国立国会図書館「日本十進分類法（NDC）新訂 10 版」（2017 年 1 月）も「400 自然科学」の中に「410.9 集合論，数学基礎論」、「417 確率論，数理統計学」を置いている[1]。

すなわち、戦前日本で数学を理学部に導入したこと、旧制高校文科・理科の区分、一般教育ハーバード・モデル（人文・社会・自然の 3 区分）の移植、科研費の分野区分が入り混じって現在に至り、これが大学教育の基盤になっていることから、学問分野の多様化と変化に日本の学術区分が対応していない問題が発生していると考えられる。

5. 数理科学による統合の試みと課題

以上のような歴史的文脈から考察すると、日本学術会議数理科学委員会数理科学分野参照基準検討分科会（2013）の数理科学（Mathematical Sciences）の定義、「数学と関連する学問分野の名称であり…数学、統計学、応用数理の 3 分野と、数学史や数学教育などの他分野との境界分野」は、数学とその応用分野を統合した視点を持つ点で重要である[2]。ただし、「数理科学は諸学問の基盤として広く用いられており」（p. 11）という理解に立つものの、「隣接する自然科学の諸分野の専門科目を学ぶこともまた、数理科学を学ぶ者にとっては、重要な教養を得る機会となる」（p. 21）と述べ、自然科学の系列に位置付ける従来の見解を踏襲しているのは、数理科学の学問分類が、まだ一致していないことを示している。

学問分類としての位置だけでなく、初等・中等教育から大学の教養教育、専門基礎教育を通じて形成する数学リテラシーの質も重要な課題である。過去、日本のこどもの算数・数学能力は、計算力は高いが思考力が弱いと指摘されてきた。藤村（2012）は、手続き的知識の適用を「できる学力」、多様な知識を関連付ける概念的理解を「わかる学力」と名付け（pp. 56-57）、PISA 調査の分析を通じて、日本の子どもの「わかる学力」の弱さを明らかにし、2 つの学力の相互作用の必要性を指摘して

いる（p. 59）。水町（2017）は、数学的知識の体系的学習から得られる知識の有効性とともに、解決すべき問題と習得した知識の活用を通じた知識の構造化・論理化という教育方法を提唱し（p. 19）、理工系専門基礎の数学的リテラシー教育、文系の数学的リテラシー教育の授業プランを 14 開発し、提示している（本書第 4 章、第 7 章、第 8 章）[3]。

　数理科学教育の課題は、教養教育および文系教育において数理科学教育を再定位するだけではない。理系教育における数理科学教育も重要であり（本書第 9 章参照）、再吟味すべき対象である。近年、科学研究における不正行為が世界的に大きな問題であり、日本は不正が多い国として見られている（黒木, 2016; pp. 217-218）。Baker（2016）は、1,500 人の科学者を対象にした調査で、90 ％以上の科学者が再現性は危機にあると回答し、その原因として、統計分析力の不足を第 3 位に挙げていることを指摘している。日本学術会議数理科学委員会統計学分野の参照基準検討分科会（2015）は、欧米やアジア諸国に比べ、統計学部・学科が存在しない「日本の統計学の高等教育の体制は、極めて脆弱と言わざるを得ない」（p. 7）と述べており（本書第 5 章及び第 6 章参照）、Baker の指摘が当てはまろう。

　一方、人文・社会科学を含めて数理科学教育を進めるということは、現存する数量分析の手法を学術分野のすべてに拡大するということではない。人文学と社会科学の双方にまたがる学習や教育も、統計分析をはじめとする数理科学の応用として行われている。Porter（1995=2013; pp. 19-26）は、世界は数値化されることで客観性を持ち、民主的で公正な要求に対応するが、専門性を持たない官僚の権威を強化すると述べる。客観性と数値化が科学の要請として顕在する一方、それが暗黙知と葛藤をもたらすことも周知の事実である。数理科学教育の再構築は、こうした問いへの回答も模索しつつ進められなければならない。本書は、ようやく問題の入り口にたどり着いたに過ぎない。

　なお、本書は 2 回のシンポジウムでの報告をもとにしており、テープ起こしの原稿をもとにしたものも含み、章によって文体に違いがある。

【注】

1) なお、諸外国の学問分類では、人文学・社会科学・自然科学のような区分が絶対ではない。Australian and New Zealand Standard Research Classification（ANZSRC, 2008）は、研究分野（Field of Research）として、「数理科学」（Mathematical Sciences）から「拡張知識」（Expanding Knowledge）に至る97分野を、UK の Higher Education Statistics Agency の the Joint Academic Coding System（2012）は、「医歯科学」（Medicine & dentistry）から「融合分野」（Combined）にいたる26分野を置き、「数理科学」もその1つであるが、自然科学に包摂しない。U.S. 教育省 National Center for Education Statistics（NCES）の Classification of Instructional Programs（CIP）も同様である。人文学・社会科学・自然科学の包括的区分を置く例もあるが、学問分野の細分化を反映して、数学や統計学を独自な分野とした方が、自然科学の分類枠を超え、関連する分野との関係が柔軟になったかもしれない。この3区分は、一般教育の導入に当たり参照されたハーバード・モデルと共通するが、それ以前、1939年の科学研究費交付金が自然科学を対象にし、のちに人文科学を加え、戦後は、科学教育局の課編制（1946年2月）で、人文科学研究課、自然科学研究課が設置されたように、学術行政区分からも派生していると考えられる。

2) もっとも数理科学という用語自体は決して新しいものではなく、「数理科学ニュース」（数理科学懇談会）が1959年4月に発刊されている。

3) ただし本書第3部で扱っている「人文・社会科学における専門基礎教育としての数理科学教育」の視点は弱い。

【参考文献】

麻生磯次・木村健康・玉虫文一ほか編（1953）『学問と教養－何をいかに読むべきか－』勁草書房.

Baker, Monya（2016）1,500 scientists lift the lid on reproducibility, *Nature*, Vol. 533.（http://www.nature.com/news/1-500-scientists-lift-the-lid-on-reproducibility-1.19970. アクセス 2017.5.30）

藤村宜之（2012）『数学的・科学的リテラシーの心理学－子どもの学力はどう高まるか』有斐閣.

大学基準協会編（1951）『大学に於ける一般教育－一般教育研究委員会報告－』大学基準協会.

コンドルセ（2002）『フランス革命期の公教育論』（岩波文庫，阪上孝訳）.

黒木登志夫（2016）『研究不正　科学者の捏造，改竄，盗用』中央公論新社.

Marrou, Henri-Irénée (1948). *Historie de L'Éducation Dans L'antiquié*, Seuil.（= 1985. 横尾壮英ほか訳『古代教育文化史』岩波書店）.

水町龍一（2017）『大学教育の数学的リテラシー』東信堂.

森田康夫（2018）「数学と教養教育」羽田貴史編著『グローバル社会における高度教養教育を求めて』東北大学出版会.

日本学術会議数理科学委員会数理科学分野の参照基準検討分科会（2013）『報告　大学教育の分野別質保証のための教育課程編成上の参照基準　数理科学分野』.

日本学術会議数理科学委員会統計学分野の参照基準検討分科会（2015）『報告　大学教育の分野別質保証のための教育課程編成上の参照基準　統計学分野』.

岡部恒治・戸瀬信之・西村和雄（1999）『分数ができない大学生』東洋経済新報社.

Porter, M. Theodore（1995）*Trust in Numbers: The Pursuit of Objectivity in Science and Public Life*, Princeton University Press.（=2013. 藤垣裕子訳『数値と信頼性　科学と社会における信頼の獲得』みすず書房）.

戸瀬信之・西村和雄（2001）『大学生の学力を診断する』岩波新書.

上杉正一郎（1959）『経済学と統計』青木書店.

［目　次］

はじめに ——大学における数理科学教育の現代的課題　　　羽田　貴史　　i

第Ⅰ部　市民の教養としての数理科学

第 1 章　教養教育としての数理科学教育　　　　　　　　北原　和夫　　3
第 2 章　日本の数理科学教育の現状と課題　　　　　　　長崎　榮三　　17
第 3 章　STEM 教育をめぐる国際動向と日本の課題　　　羽田　貴史　　35

第Ⅱ部　大学における数理科学教育

第 4 章　大学教育における数理科学教育の現状と課題　宇野　勝博　　51
第 5 章　大学における統計科学・データサイエンス教育の課題と展望

渡辺美智子　　69

第 6 章　滋賀大学データサイエンス学部の試み　　　　佐和　隆光　　89
第 7 章　教養教育における数理科学教育の試み　　　　高橋　哲也　　103
第 8 章　イノベーション人材育成に資する数学教員養成の在り方

根上　生也　　121

第 9 章　科学技術人材と数量的リテラシー
　　　　——科学技術立国を支える基盤　　　　　　　桑原　輝隆　　137

第Ⅲ部　文系学問と数理科学教育

第 10 章　社会学における数理科学教育の現状と課題　盛山　和夫　　159
第 11 章　教育学教育の課題
　　　　　——エビデンスを支える教育測定学から　　柴山　　直　　169
第 12 章　経済学と数理科学教育の課題　　　　　　　秋田　次郎　　187

おわりに　　　　　　　　　　　　　　　　　　　　　中村　教博　　203

執筆者一覧　　　　　　　　　　　　　　　　　　　　　　　　　　209

ix

第 I 部

市民の教養としての数理科学

第1章　教養教育としての数理科学教育

北原　和夫

　私は、1997 年から 2003 年まで IUPAP（国際純粋・応用物理学連合）の統計物理学委員会の委員をしておりました関係から、日本学術会議の物理学研究連絡委員会（物研連）の委員をしておりました。当時物研連の主要な関心は、科学研究に関わる政策であり、教育については IUPAP の物理教育委員会の委員の方が世界の動向について報告する程度でありました。

　そして 2001 年 9 月から 1 年間、日本物理学会副会長、2002 年 9 月から 1 年間、同会長の職にありました。日本物理学会副会長時代に、2002 年 3 月に IUPAP 主催で Women in Physics という会議が開催されることになり、日本の物理学分野における男女共同参画の現状について調査をして報告することになりました。IUPAP の Women in Physics 会議では、どのようにして女性が物理学の学びに入り、将来のキャリアと結びつくのか、というところまで議論をいたしました。そのような視点から見て、日本の理数教育が世界の趨勢から随分遅れていることを目の当たりにしました。つまり、理数系分野において積極的に女性を育成しようとしていないだけでなく、初等中等教育並びに社会教育において理数系人材の育成に学会も政府も関わってこなかったことが、他の先進国、発展途上国と比較して歴然としておりました。

　2003 年、物理学会会長職を終えたところで、日本学術会議会員となり、「若者の科学力増進特別委員会」の委員長に任命されました。2004 年 4 月 20 日声明「社会との対話に向けて」を公表しました。

　「科学者と社会が互いに共感と信頼を持って協同することなくして、いかなる科学研究も生命感の漲る世界を持続させることができないこと

3

第Ⅰ部　市民の教養としての数理科学

を認識する。科学者が社会と対話すること、特に人類の将来を担う子どもたちとの対話を通して、子どもたちの科学への夢を育てることが重要であると考える。日本学術会議は、子どもたちをはじめとするあらゆる人々と科学について語り合うように、全ての科学者に呼びかける。日本学術会議は自ら、科学に対する社会の共感と信頼を醸成するために、あらゆる可能な行動を行う」。

　実際にこの声明を機に、2004年から日本学術会議は若者向けの講演会を各地で開催し、2006年からは文科省の「情報ひろば」でサイエンスカフェを定期的に開催しました。こうして日本各地でも、様々な科学イベントが行われるようになったのです。

　しかしながら、科学者が一歩社会に出てサイエンスを伝えることに努力することは大切であるとして、何を社会に伝えるべきなのか、社会の人々が身につけておくべき「科学リテラシー」とは何なのかということが問題となりました。そこで、「若者の科学力増進特別委員会」では、持続可能な民主的な社会を構築するためにすべての日本人が共有すべき知識・技術・考え方は一体何だろうか、ということを明らかにしていこうということで「科学技術の智」というプロジェクトを立ち上げたのです。文科省からも支援を得まして、約150名の科学者、技術者、教育者、そしてメディアの人、行政の方も含めて、日本学術会議を基盤として調査研究を実施しました。

　まず、科学技術全体を7つの分野（数理科学、生命科学、物質科学、情報学、宇宙・地球・環境科学、人間科学・社会科学、技術）に分けて検討し、それを持ち寄って、分野を横断する考え方、知識、技能というものを総合報告書というものにまとめました。これは2008年3月であります。今から9年前ですね。

　数理科学でいうと、数理科学の素養というのは一体何だろうかと問うときに、一般には数学というものは数と図形にかかわる学問であって、日々の生活の中での課題を数と図形にまで抽象化することで、解決の道が開かれ、豊かな市民生活あるいは職業とつながっていくのだというよ

4

うなことをここで主張しているわけであります。数理科学の中には、統計学、応用数学も含めました。

そのほかに、人間科学・社会科学というものも「科学技術の智」に含めました。人間の社会を科学的に見たらどういうことになるのだろうかというようなことで、心理学、人類学、社会学なども全部含めて人間と社会を考えていくためのいろいろな基本的な考え方を提案したものであります

以降、調査研究の成果としての「科学リテラシー」（科学技術の智）の考えを広めるべく、日本学術会議主催でサイエンスカフェや講演会を行ったり、市民・学生・生徒向けのイベントなどを実施しました。文科省の「情報ひろば」でも定期的に実施しました。今でも継続しているようです。

「科学技術の智」のプロジェクトの報告書を公表した頃、2008年5月ですけれども、文科省の高等教育局長から日本学術会議会長宛てに、大学教育の分野別質保証のあり方に関する審議依頼が来たのです。すぐに学術会議に「大学教育の分野別質保証の在り方検討委員会」が設置され、私はその委員長になったわけであります。私にとってはその前にやっていた「科学リテラシー」でのいろいろな議論がここで生かせるのではないかと思いました。それはなぜかというと、新しい21世紀という時代において、大学教育がどうあるべきか、大学で行われる学問の営み、さらに言えば大学における研究の営みにおいて、何を大事にすべきかということが問われているのではないかと思いました。

2008年12月に、中央教育審議会が答申「学士課程教育の構築に向けて」というものを出しました。そこの中には、具体的なところは日本学術会議に審議を依頼すべきだということがこの答申の中に書いてあります。それに従って、すでに日本学術会議がその審議に入っていたわけであります。

2009年1月に、その検討委員会の中に、質保証の枠組み検討分科会、

第Ⅰ部　市民の教養としての数理科学

教養教育・共通教育検討分科会、大学と職業の接続検討分科会、という三つの分科会を作りました。教養教育・共通教育につきましては、戦後のかつての旧制高等学校のようなものをイメージした教養教育でいいのか、あるいはもっと新しい時代に向けて新しい形での教養教育があるのではないかというようなことを議論したわけであります。それから、大学生の就職活動が非常に大変な状況でありまして、ひょっとしたら大学で学んだことが就活とは全くインディペンデントになっているではないかという危惧もありましたので、職業を通して大学教育と社会がどう結びつくか、そういうことも検討すべきだろうということになりました。

　イギリスにQAA（Quality Assurance Agency）というものがあります。これは日本で言うと大学評価機構に対応します。そこでは各分野の教育の在り方についてのベンチマーク（Benchmark Statement）を作っていました。現地に調査に行って来ました。割合具体的に教えるべき項目を提示しているものです。イギリスには他にも学会ごとに教育の標準を策定していて、特に「工学士」の質保証を以前からやっている国です。日本の多様な大学の現状からして、どこまで具体的な標準を策定すべきかが大きな課題となりました。

　その後も分野別質保証の在り方について、大学関連学協会などと意見交換をし、様々な団体との共同シンポジウムを開催しました。大体話がまとまってきたところで2010年に、今日本にある三つの認証機関との共催でシンポジウムを開催し、その議論を踏まえて8月に「回答」を文科省に手交したということであります。

　その「回答」の基本的な考え方をお話ししますと、学士課程編成上の参照基準というものをつくろうではないかということです。それは教えるべき事柄の細かいものを作るというよりは、むしろ各学問分野の基本的な考え方をまとめてみようというものです。日本には700以上の大学があり、その内容は多様であります。それぞれの大学の持っている理念、特質、資源、例えば教員や学生の質や背景、具体的な教育方法というものに差異があるとしても、各分野の教育の基本的なところは共通してい

第1章　教養教育としての数理科学教育

るのではないだろうか、その分野の持つ普遍的なものがあるに違いない。その普遍的な考え方、価値、内容、それらは大学の差異を超えて共有されていなければいけないのではないか。そこを明らかにしていこうではないかという考え方です。

　大学は、かつてのように大学に進学する子供が、例えば10％とかそのような時代ではなく、多数の若者が大学に進学する時代でありますから、単に学術の後継者を育てるという理由だけではなくて、それぞれの職業を通して学生たちが社会に参加し寄与していくための基本的なところを学ぶものでなければなりません。その普遍的なものを、それぞれを各分野について点検し、明示していこうということが参照基準の基本的な考え方であります。

　これはなかなか難しい作業でありました。例えば機械工学の参照基準というものもつくったのですけれども、そのときの最初の議論ですと、熱力学の先生もいるし、材料力学の人もいるし、それから流体力学とか、いろいろな人がいて、それぞれ自分の分野が機械工学の中心だと思っている。では全体をくくるその概念というのは一体何だというところから議論を始めるわけです。結局思い至ったところは、機械とは何だというところにもいくわけですね。機械とは何だということを議論していくうちに、機械というのはエネルギーや情報をより使いやすい、より性質のよいものに変えていく「からくり」なのだ。素材としてのエネルギーや情報をいいものに変えていくのが機械なのだ。では、「いいもの」というのはどういうことなのだということになってくると、社会のことを考えなければいけないというふうな議論になってきたわけですね。結局出来上がった機械工学分野の参照基準はそのような論理で書かれてあります。

　また、電気・電子工学分野の参照基準の策定のときもなかなかおもしろい議論がありました。結局エネルギーと情報をどういうふうに変換していくかという話になっていくのですね。質の良いエネルギーや情報に変換するのがエレクトロニクスというわけです。そうすると、よりよいものというのは何だというと、またその価値の問題になってきます。そ

7

第Ⅰ部　市民の教養としての数理科学

うすると結局工学部とは何だという話になってきて、工学部というのは
要するに、ある材料があって、それを変えていくツールがある。機械工
学科なら機械、電気工学科ならエレクトロニクス、そういうものになっ
てくるわけですね。そして、最後に、では何を目指すか。まず材料、そ
れからツール、そして目的、こういう枠組みで工学教育はやらなければ
いけないのだというところになっていくわけですね。そういうことで、
工学教育に関しては、今、材料工学分野の参照基準というのができまし
た。材料工学というのもかつては有機材料工学、無機材料工学、金属工
学と三つ別々であったのですけれども、今の時代はそれを一緒にやろう
よということで材料工学になりました。それから土木工学・建築学も一
緒になって検討をしました。それも結局何を、どうやって、どういうも
のをつくるか、この三つの思考の枠組み、これがエンジニアなのだとい
うところで来るわけですね。こういう議論は、考えてみれば当たり前の
ことなのですけれども、分野が違うにもかかわらず共通している思考の
枠組みが存在していることに気づいたことは、非常に大きな意味があっ
たのではないかと思っています。

　そのような分野によらず普遍的に存在する思考の枠組みというものが
あるとすれば、例えば学部のときに電気・電子工学科においてこういう
思考の枠組みをきちんと学んだならば、その学生が大学院で機械工学の
分野に行ったとしても、ちょっとその分野の知識を学べば同じような発
想でやっていけるのではないかと思うのです。

　参照基準の考え方というものは、学術コミュニティーで策定した参照
基準をもとに、各大学がその学部の特質によって教育課程を組むという
ことで、大学の多様性にもかかわらずある意味での普遍性を担保するこ
とを目指すものです。よく考えてみると、これは大学教育を可視化する
ことになります。つまり、電気・電子工学科とは何をやるところなのか、
機械工学科は何をやるところなのか、物理学科は何をやるところなのか
ということが初等中等教育の側に見えてきます。それから、職業人社会
において、その就職にかかわるところでも、会社のほうから見て、あの

8

分野の教育はこういうことをやっているのだということがわかる。こうして、子供たちが初等中等教育から大学に進学し、そして就職によって社会に出て行くというこの流れを、社会全体が見守るということになります。これが次の世代を育てていくために有効な道筋ではないかと思うのであります。

　それでは基本的な考え方をもう1回繰り返しますと、学生たちが将来社会の現場で職業人として、また市民として生きていく上で意味のある学びの内容を参照基準は明示するものなのです。専門分野の細かな知識や能力をいたずらに数多く列記するのではなく、将来にわたって基礎となる基本的なことをしっかりと学生が身につけることを支援する、そういう書き方にしようと考えたのです。

　参照基準においては、すべての大学に共有されるべき学びの本質的な意義とか中核的事項に絞り込むということにしました。具体的にどのような肉づけを行うかは各大学がみずから考えていってほしいのです。

　ちょうど去年の暮れ、それから今年の5月ですか、文科省から大学教育の三つのポリシーというものが提案されております。それらはカリキュラム・ポリシー、ディプロマ・ポリシー、アドミッション・ポリシーですけれども、そのカリキュラム・ポリシーはまさにこの参照基準を基本としてやっていけば、大学によってさまざまなカリキュラムができたとしても、普遍的なところは押さえてくれる。そういうものになっていくと、大学教育が非常に意味を持ちます。それは大学の間だけではなく、初等中等教育から見て大学は一体何をやっているのか、社会の側から見て大学は一体何をやっているかというのが見えてくる。そんなふうになっていくといいなと思っております。

　それから、第2部では、教養教育について我々は提案をいたしました。この現代的な知の共通基盤の形成ということが大事だろうと思うのです。「現状がなぜこうなっているのか」という共通の疑問に端を発して、現状をどのように変えていくかを徹底的に思考させること。それから、文系と理系の問題がありますけれども、そういう偏りを克服する教育とと

第 I 部　市民の教養としての数理科学

もに、現代社会における科学技術のあり方をめぐる教育や、細分化の著しい現代科学の総合的な把握の重要性があります。この第一のところの知の共通基盤のところですけれども、我々はどういう市民をつくるべきかというときに、この回答で書いたことは、適応ではなくて応答する市民を作るのだということです。つまり我々が社会の変化に対してどう適応（アダプテーション）していくのか、それとも応答（レスポンス）でいくのか。つまり、この時代が動いているときに、それに対してやはり自分の考えを言っていく、レスポンスしていく。こういう市民をつくろうではないかということをこの報告書で提案をいたしました。アダプテーションというのは時代に流されるということですけれども、レスポンスはそれに対して、自分みずから考えて行動なり発言をしていくということです。

　それから、コミュニケーション能力は大事だということですね。話すことも大事だけれども、聞く能力の重要性をもう少し考えたらどうかという提案もいたしました。それから、インターネットの活用も現代では大事なことです。

　もう一つ私たちが教養として重要としたことは、芸術や体育の意義です。この芸術とか体育の教育をどう考えるか。これは単にエンターテイメントではなくて、いわばサイエンスが論理的伝達であるとすると、それに対して芸術とか体育というのは非言語的認識、非言語的伝達ということになります。これからの社会にとってものすごく大事だと思います。サービス産業を中心とした社会に対応して柔軟な思考とコミュニケーション能力を育成するということで、特に教養教育にかかわる先生方に言いたいのは、芸術とか体育は単に息抜きではなくて、非言語的伝達、非言語的思考として、学術的意義があるということです。

　そのようなことを述べた後で、報告書の最後の結論として私たちは、「協働する知性」を創り出すことが、これからの大学教育においては大事なのだということを述べました。今までの大学は学問の継承、学問の創出・発展のための機関でした。学問の継承は教育で、学問の創出・発

展は研究です。さらに学問の社会化、Socialization of science も大事にしていくべきだろうということを提案したのであります。

「数理科学分野の参照基準」というものを 2013 年 9 月末に公表しました。これも最初のところはいろいろみんな意見がばらばらだったのですけれども、だんだんまとまってきたものです。実はこの数理科学分野の参照基準というのは、数学をきちんと定義しないといけないということで、数学の歴史を要約する形で数学とはこのようなものだという定義をしています。それから、数学は科学の基盤であるということの認識が大事だということです。それから、いわゆる伝統的な数学としての代数、解析、幾何に加えて、統計学と応用数学も含めた数理科学のあり方というものも述べています。それから、市民の教養としての数学の役割というものをここで参照基準の中で述べています。

そこでさらに、現代社会における数学の役割は何かですけれども、市民が正しい判断を行うために、データに基づき物事を量的に把握することが必要不可欠である、このためにも数学の素養が大事です。それから、市民として正しい判断を行うために必要不可欠な論理力・発想力・理解力などを養うためにも数学は重要である。これは教養としての数学の意味ですね。

それから、もう一つ、数学が大事だというのは、数理モデルによって考えていくということです。もう一歩踏み込んで言うと、数理モデルが単に現に起こっている現象を説明するだけではなくて、数理モデルというのはある種の自由度があって、それをパラメーターをいろいろ変えていけば、現時点では非現実とされるようなことでも想像することを可能にします。それがやがて実現することもあるということでありますけれども、数学というのはある種の自由がありますので、それによって今は非現実的なものでも、もし実現したらどうなるのかを想像することができます。例えば、一番極端な例は、誘電率が非常に大きいような物質をつくったら、一体ものはどう見えるかとか、あとはドラえもんの世界で

第Ⅰ部　市民の教養としての数理科学

ありまして、ドラえもんは非常に科学的ではありますけれども、今では
できないことでもそれがやがてできるようになる。そういうことも数理
的モデルを考えることによって、新しいものをつくり出す。そういう意
味があります。そういうことを勧めるような教養数学であるべきである
と思うわけであります。

　それから、「統計学分野の参照基準」というものを2015年12月、去年
の暮れにまとめました。実は、その前に2010年8月に統計関連学会で
「統計学の各分野における教育課程編成上の参照基準」というものを出
しています。ところが、この統計学分野がつくったものというのは、非
常に私にとっては不満足なものでありました。それはなぜかというと、
統計というのは生物学ではこういうふうに使われている、経済学ではこ
ういうふうに使われている、医学ではこう使われていると、各分野で統
計学がどう使われているかというようなことを縷々述べている報告書で
ありました。だけれども本当はそうではないのではないか。統計学分野
のまとめ役の人に私が強くお願いしたのは、もし統計学科あるいは統計
学教室のようなものをつくるとすれば、何だろう、どういう教育になる
んだろうということをぜひまとめてほしいということです。実は日本に
は統計学科というのはないのです。強いて言えば、統計数理研究所が大
学院としてはありますけれども、統計学をきちんと教育する場所がない
というのが日本の非常に弱いところです。今度これからお話が出ると思
いますが、データサイエンス学部というものができますけれども、これ
は日本にとっては大変画期的なことではないかと思っています。

　私自身が今東京理科大の科学教育研究科というところにおりまして、
教員養成の大学院で、現場の先生方がいろいろクラスで指導したり、そ
れから調査をやって最終的には統計処理をして平均値はどうか、それか
ら答えがいろいろで、イエス、ノーが何パーセント、それのサンプルの
数によってこれの推定の判断の有効性がどうかというようなことを論文
に書くのですけれども、それは一体どういう数理の理論から出てきたの
かということが必ずしも明らかでなく、統計のマニュアルに従って調査

研究がなされているような印象を持っています。さらに言えば、教育というものは、統計平均で評価してよいのかどうかという疑問もあります。日本のいろいろな分野で統計学が使われているにもかかわらず、基本となるシステマティックな教育が全く行われてきませんでした。これが教育の特殊な状況だったと思います。

　ですから、もし統計学科があるとすればどうなのだということをまとめていただいたのが、去年の暮れに出た「統計学分野の参照基準」であります。そこでは、統計学の定義というものは、データをもとに現象を記述し、現象のモデルを構築して知識を得るための方法論と、推定ということが大事なのだということですね。しかし、統計学の大事なところは帰納的推論の中に演繹的論理の過程をきちんと導入することによって、科学的な信頼性のある結論を出す。ここがやはり統計学の一番大事なところだと思います。かつ、統計学はその統計の理論に閉じるのではなくて、データに基づく定量的な思考による課題解決の汎用的方法論を提供するメタ科学であるので、他の諸科学との協働が本質的です。そういう意識で統計学科をつくるべきだろうと、あるいは教養教育における統計学のプログラムをそういうことを意識したものにしてほしいというのが統計学の参照基準の基本的な内容であります。

　最後に私自身の教養としての数学教育、やはりこれは論理的思考とか、定量的思考、そして「抽象化による判断」の普遍性、こういうものを数学教育としてやるべきだろうと思います。つまり、抽象化による判断というのは何を言っているかというと、子供でもわかることなのですよね。つまり、ここにリンゴとミカンがあって、次郎君、太郎君、花子さんがいたとします。リンゴとミカン、それから次郎君、太郎君、花子さんと言ったときには問題の所在がわからないけれども、食べ物が二つ、食べる人が三人となると、これは何かトラブルが起こるだろうというふうな形で、一種の数への抽象化をすることによってそこに発生する課題を見出します。ちょっと変な例ですけれども、そういうことから始めて、抽象化によって課題を発見していく、あるいは判断していく。そういうと

第Ⅰ部　市民の教養としての数理科学

ころから本当に数学は始まるのだろうなと思います。

　それから、統計的思考・リスクを考えるということが非常に大事だろうと思います。

　私は、一時 Constructive Mathematics もかじったことがあります。そこで非常におもしろいと思ったのは、Constructive Mathematics では連続している実数というものは考えないで、有限の操作で定義できるものだけでものを考えていこうとするのです。これは何かややこしいことをやっているように思われそうですが、実際には数値計算をやるときには有限桁で切ってしまうわけですので、連続した実数は扱っていないのです。連続関数というのは我々イメージとしては持っていますけれども、数値計算をやるときには有限桁で切って離散化しているわけですね。そういう理想と現実、数学の理想はあってもその現実はどうなるのか、その辺をわきまえるような意味での数学の教え方も本当はあっていいだろうと思います。

　それともう１つは、米国で Project 2061 で出版されている「アトラス」というものがあります。その数学のところを見ると非常に大事なことが書いてあります。K to 12 すなわち幼稚園から高校３年生までの教育をどういうふうに段階的でやっていくかということを表にしたものです。「アトラス」の幼稚園のところを見ますと、自然数には二つ意味があるということを教えなさい、と書いてあります。2 は 1 の 2 倍、3 は 1 の 3 倍というのは量を表します。ところが自然数は順序も表します。郵便番号とか学籍番号というのは別に一番の人が二番の人よりもいいとか悪いではなくて、ただ区別するために使っています。そういう二つの意味があるのだということをまず幼稚園で教えなさいというところから始まって、数学、数の体系をつくっています。そのようなところも非常に参考になります。

　あともう一つ、最後に変なことが書いてありますけれども、ワイルという人の書いた『数学と自然科学の哲学』という本を読んで非常に感動したことがあります。ワイルは数学を定義していまして、「数学は関係

第 1 章　教養教育としての数理科学教育

性を認識することなのだ」と冒頭に書いています。それはそれで非常に
深いものがあって、我々数学というと、x, y, z とか 1, 2, 3, 4 という記号
とか数字を使わないと数学ではないように思っているわけですけれども、
やはり数学の一番本質的なところは幾つかのものがあったときに、それ
はどういう関係になっているかということを考えることが数学の一番本
質ではないかというふうに思います。

　そういう数学の奥深さと同時に、しかし現実とのかかわりで数学の豊
かな内容を教養教育として語っていけばいいのではないかなということ
を思う次第であります。

第2章　日本の数理科学教育の現状と課題

長崎　榮三

1. 日本の数理科学教育を考えるために

1-1　数理科学教育の目的

　小中高校教育における数理科学教育は、意図的な活動としての教育の一環として行われている。つまり、数理科学教育は文化としての数理科学を通して、児童・生徒の成長・発達を促すとともに、社会や文化の継承・発展に寄与することになる。

　そこで、数理科学教育の目的は、教育学の立場から、人間、社会、文化という三つの大きな軸から考えることができる（長崎榮三他『何のための算数教育か』東洋館出版社, 2007）。第一は、数理科学教育を通して人間を育てる、例えば、数理的、論理的に考えるようになるなど、つまり、人間形成的目的である。第二は、数理科学教育を通して社会を発展させる、例えば、生活に役立つ、他教科の学習に役立つ、実世界で役立つなど、つまり、実用的目的である。第三は、数理科学教育を通して数理科学という文化を継承・発展させる、つまり、文化的目的である。学校教育においては、この三つの目的を調和的に目指す。

　教育は、時代と共に変わる。そこで、目指す社会像を明確にすることが大切である。ここでは、数理科学教育が、「誰でもが心豊かに生きることができる、持続可能で民主的な社会」に貢献することを考える。

1-2　教育研究におけるカリキュラム・モデル

　現在では、教育研究を科学的に行うために、国際的に、3層のカリキュラムというカリキュラム・モデルが使われる。それは、意図したカリキュラム、実施したカリキュラム、達成したカリキュラムの三つのカリキュラ

第Ⅰ部　市民の教養としての数理科学

ムを総合的に調べて教育を把握するためである。このモデルは、国際数学・理科教育動向調査（TIMSS）を実施している国際教育到達度評価学会（IEA）が1980年代から1990年代にかけて提唱したものである。

　「意図したカリキュラム」は、全体としての社会、制度であり、社会の期待、教育法規、教育政策、国家的な試験、教科書などが含まれる。「実施したカリキュラム」は、地域社会、教室であり、教師の態度や背景、実際の指導、教室の経営、教室の資源などが含まれる。

　「達成したカリキュラム」は、個人的な背景、児童・生徒であり、児童・生徒が獲得した概念・手法・態度、保護者の期待、家庭の状況などが含まれる。

　これらのカリキュラムは、国内外の学力調査等によっても明らかにされていく。そして、学会・社会等からの提言・要請との社会的相互作用を行い、教育についての、計画、実行、検証、改善が図られていく。本稿では、このような3層のカリキュラム・モデルを基に、日本の小中高校の数理科学教育の現状と課題について考えていくことにする。

1-3　数理科学教育と算数・数学教育の接続

　日本の小中高校における「数理科学教育」は、戦後は一貫して、小学校は「算数教育」、中学校・高校は「数学教育」とされ、合わせて「算数・数学教育」とされてきた。その原型は、昭和10年代の小学校算術教科書、中学校数学教科書、高等女学校数学教科書などでできたと考えられている。つまり、初等教育では数量と図形が直観的に指導され、中等教育では、前期には論証的に文字や図形の証明が指導され、後期には代数、幾何、三角法、そして微積分や統計などが指導された。

　現在では、小中高校とも算数・数学の問題解決を通して算数・数学の概念や方法や考え方を身に付ける。小学校では現実問題から算数へ入り、中学校では文字や証明の抽象的な数学に入り始め、高校では微積分の無限概念に入り、大学では数理科学として、数学、統計学、応用数理を学ぶ。本稿では、これらを数理科学教育として接続するものである。

第 2 章　日本の数理科学教育の現状と課題

2.　日本の数理科学教育の「意図したカリキュラム」

2-1　教育の構造

　教育構造は、国際的には、中央集権的と地方分権的に分かれる。日本やフランスは中央省庁から地方へと降りていく中央集権的とされ、アメリカやドイツなどは各州毎で異なる地方分権的とされる。

2-2　数理科学教育のカリキュラムの基準

　カリキュラムの基準は、日本の小中高校では、「学習指導要領」で表されている。現行のものは、小中学校は平成 20 年度、高校は平成 21 年度に改訂された。その目標は、小中高校で同じ考えで作られており、例えば、小学校数理科学教育の目標は、「算数的活動を通して，数量や図形についての基礎的・基本的な知識及び技能を身に付け，日常の事象について見通しをもち筋道を立てて考え，表現する能力を育てるとともに，算数的活動の楽しさや数理的な処理のよさに気付き，進んで生活や学習に活用しようとする態度を育てる」となっている。

　それぞれの時間数・単位数と内容領域は、次のようになっている。小学校の数理科学教育は、1 学年は週当たり 4 校時であるが、2 学年以降は 5 校時で、内容領域は、6 学年とも、数と計算、量と測定、図形、数量関係、［算数的活動］からなっている。

　中学校の数理科学教育は、1 学年と 3 学年が週当たり 4 校時、2 学年が 3 校時で、内容領域は、3 学年とも、数と式、図形、関数、資料の活用、［数学的活動］からなっている。

　高等学校の数理科学教育は、数学 I は 3 単位・必修で、内容領域は、数と式、図形と計量、二次関数、データの分析、〔課題学習〕である。次の科目からはすべて選択である。数学 II は 4 単位、いろいろな式、図形と方程式、指数関数・対数関数、三角関数、微分・積分の考え。数学 III は 5 単位、平面上の曲線と複素数平面、極限、微分法、積分法。数学 A は 2 単位、場合の数と確率、整数の性質、図形の性質、〔課題学習〕。数学 B は 2 単位、確率分布と統計的な推測、数列、ベクトル。数学活用

19

第Ⅰ部　市民の教養としての数理科学

は2単位、数学と人間の活動、社会生活における数理的な考察からなる。

　なお、義務教育・高校数学必修レベルの数理科学の指導内容は、日本は欧米と比較して高いレベルにあると言われている。

　新課程は、小中学校は平成28年度、高校は平成29年度に改訂され、小中学校は、現課程とほとんど変わらないが、高校は科目編成が、数学Ⅰ、Ⅱ、Ⅲ、A、B、Cとなり、統計的内容が強調され、さらに、理数探究も新設される。また、現在は、算数的活動、数学的活動と分かれているが、小中高校を通して、数学的活動になる。

2-3　数理科学教育の評価の基準

　評価の基準は、日本では、「指導要録」で表されている。その目的は、指導・学習の改善と成績の証明にある。平成13年度に評価の大きな改革があり、それまでの集団準拠評価（相対評価）から規準準拠評価（絶対評価）へと転換した。諸外国は昭和50年代に転換していたが、日本は入学試験の影響で遅れたと言われている。

　実際の評価では、指導内容ごとに評価の観点に沿った規準を作成し、その規準を基に評定が行われる。戦後の評価で使われた評価の観点は、時代に応じて少しずつ変わってきている。小中高とも同じ様な表現なので、中学校を例にとると、平成22年度には、「数学への関心・意欲・態度」、「数学的な見方や考え方」、「数学的な技能」、「数量や図形などについての知識・理解」となった。

　なお、平成28年度からの新しい指導要録の評価の観点は、学力の規定に伴って、小中高校とも「知識・技能」、「思考力・判断力・表現力」、「態度」の3要素となっている。

2-4　教科書制度と数理科学の教科書の国際比較

　公益財団法人教科書研究センターは、平成24年に、『初等中等学校の算数・数学教科書に関する国際比較調査　調査結果報告書』を公表した。それは、アメリカ、カナダ、イギリス、フランス、ドイツ、フィンラン

ド、オランダ、韓国、中国、台湾、日本、11か国の教科書制度と数理科学の教科書を国際比較したものである。

日本の教科書制度では、教科書には検定があり、学校では教師は教科書を使用する義務がある。そのようなことも含めて、諸外国の状況と比較してみたものである。諸外国は、次のような状況であった。

①検定は、欧米のほとんどの国では行われていない。②採択権限は、アジアは教育委員会や学校にあるが、欧米では学校や教師にある。③供給は、アジアは無償供与か有償だが、欧米は無償貸与が多い。④使用義務は、アジアにはあるが、欧米にはない。

数理科学関係の教科書を比較してみると、次のような状況であった。

①ほとんどの国は、日本よりもページ数が多く、値段も高い。②各国で、探究的な扱いなどの多様なアプローチがなされている。③各国が、児童・生徒の多様性に応じて練習問題を増やすなどの対応をしている。④ほとんどの国が、実世界との関わりを強め、他教科の内容を扱っている。⑤多くの国が、ICTを積極的に取り入れている。⑥算数・数学を学ぶ意義を学習者や保護者向けに明示している国もある。

2-5　数理科学教育の検定教科書の種類

教科書については、日本の学校教育においては、主として民間教科書会社が編集・作成し、文部科学省が検定した「検定教科書」を、主たる教材として使用する義務がある。

現在は、小学校は、6社から6種類の数理科学関係の教科書が発行され、中学校は、7社から7種類の教科書が発行され、高等学校は、数学Ⅰ、Ⅱ、Ⅲ、A、Bは5社から15種類ほどの教科書が、数学活用は2社から2種類の教科書が発行されている。

2-6　数理科学教育では指導への試験の圧力が強い

小中学校には小学校6年と中学校3年の全員が受ける学力調査がある。ところが、地方の首長がその調査での順位を上げることを目指すことが

第 I 部　市民の教養としての数理科学

ある。この学力調査の本来の趣旨は、学習指導要領における新しい学力
目標の「思考力、判断力、表現力」に注目してもらうことにあった。し
かし、昭和 30 年代の全国学力調査の失敗の繰り返しになりそうである。
当時、都道府県の順位の発表で首長・議会から教育委員会、学校に圧力
がかかり、学校が混乱した。テストで学力が向上することはないことが
学問的に分かっている。却って、学校への副作用の方が大きいのである。
高校でも、平成 31 年度から「高等学校基礎学力テスト」が希望者に行
われる。何のためなのかもう一度考えたい。

　中学・高校では、入学試験がある。ともすると、学校教育の目的が入
学試験問題を解けることになりがちである。理由は、社会が望むからで
ある。しかし、学校に入学した生徒は、その後どうするのだろうか。

3. 日本の数理科学教育の「実施したカリキュラム」

3-1　学校と教師の状況

　実施したカリキュラムとして、学校と教師の状況を見ておく。

　文部科学省『学校基本調査　平成 28 年度版』によるものである。

小学校	20,313 校	教師	416,973 名
中学校	10,404 校	教師	251,978 名
高等学校	4,925 校	教師	234,611 名
中等教育学校	52 校	教師	2,556 名
特別支援学校	1,125 校	教師	82,372 名

3-2　小学校教師の数理科学教育の評価は国際的に高い

　日本の小学校の教師は、TIMSS を通して、その数理科学教育の指導に
おいて国際的に評価が高いものとなっている。その要因としては、高校
1 年まで必修の数学があること、そして、現職教育としての授業研究が
あることが指摘されている。授業研究は、日本から発信した教師の現職
教育であり、国際的に、Lesson Study として有名になっている。

第2章　日本の数理科学教育の現状と課題

　授業研究は、教師と大学教員などが協働して新たな教材や指導法を開発する場にもなっている。小中高校の教師と大学教員等が協働して開発した、次のような、児童・生徒の多様性を活かす指導の教師用参考書がある。『算数科　多様な考えの生かし方まとめ方』、『算数・数学科のオープンエンドアプローチ』、『問題から問題へ　問題の発展的な扱いによる算数・数学科の授業改善』、『算数・数学と社会・文化のつながり』。

3-3　高校の数理科学では先生は説明し生徒は一人で考える

　国立教育政策研究所で、平成24年に、高校における「論理的な思考」の指導に関する調査を行った際に、数学科教師に「あなたは、日頃の授業などにおいて、どのような指導をしていますか」と尋ねた。数学科教師の肯定率（％）の多い順に、質問項目を挙げると、次の通りである。

①例題を丁寧に説明する………………………………………… 93.7
②ある問題について考えたらそれに似た問題を考えさせる…… 88.1
③できるだけ多くの問題を解かせる…………………………… 87.5
④論理的に考えることが大切であることを説明する………… 86.3
⑤１つの問題についていろいろな考え方を出させる………… 62.6
⑥数学を発展させる考え方について具体的に説明する……… 57.5
⑦自分の考えを述べるときは根拠が適切かどうか確かめさせる… 56.9
⑧実社会での数学の応用例を取り上げてその考え方を説明する… 56.3
⑨複数の情報から必要な情報を選んで使わせる……………… 45.7
⑩反例を挙げることが必要な問題場面を設ける……………… 44.4
⑪生徒に自分の考えや意見を発表させ、話し合わせる……… 31.3

　高校の数学の授業では生徒は一人で考え、教師は説明をすることが多く、最近強調されている、生徒同士が話し合うことは少ないようである。

23

第Ⅰ部　市民の教養としての数理科学

3-4　指導・学習に関する教員の個人的な信念の指標は平均的である

2013年に中等教育学校前期課程（中学校）を対象に、OECD国際教員指導環境調査（TALIS, 2013）が行われた。これには、34か国・地域の校長、教員が参加した。日本からは無作為抽出で、192人の校長、3484人の教員が参加した。そこで、指導・学習に関する教員の個人的な信念の指標として「構成主義的指導観」が調査された。

その肯定率（％）の参加国の平均と日本の平均は、次の通りである。

①教員としての私の役割は、生徒自身の探求を促すことである。参加国94.3日本93.8。②生徒は、問題に対する解決策を自ら見いだすことで、最も効果的に学習する。参加国83.2日本94.0。③生徒は、現実的な問題に対する解決策について、教員が解決策を教える前に、自分で考える機会が与えられるべきである。参加国92.6日本93.2。④特定のカリキュラムの内容よりも、思考と推論の過程の方が重要である。参加国83.5日本70.1。教員の個人的信念として、探求、問題解決、生徒自ら考えるについては平均と大差はないが、内容よりも思考や推論の過程を重要と考えるのは平均よりも低くなっている。

3-5　生徒の主体的学習参加の促進についての自己効力感は低い

TALIS2013での教員の生徒の主体的学習参加の促進についての自己効力感、即ち、教員の自信の肯定率（％）の参加国の平均と日本の平均は、次の通りである。

①生徒に勉強ができると自信を持たせる。参加国85.8　日本17.6。
②生徒が学習の価値を見いだせるよう手助けする。参加国80.7　日本26.0。
③勉強にあまり関心を示さない生徒に動機付けをする。参加国70.0日本21.9。
④生徒の批判的思考を促す。参加国80.3　日本15.6。

第2章　日本の数理科学教育の現状と課題

　生徒に自信を持たせる、学習の価値を見いださせる、勉強の動機付けをする、批判的思考を促す、どれも、平均より低くなっている。

3-6　教員の仕事時間が長く、部活動の時間が特に長い

　TALIS2013での教員の仕事10項目の時間の合計は、参加国平均38.3時間　日本53.9時間で、日本は参加国中最も長くなっている。10項目のうち参加国平均の2倍を超える項目が日本には1項目あり、課外活動の指導である。参加国平均2.1時間に対し、日本は7.7時間である。

3-7　女性教員の割合が少ない

　TALIS2013では、中学校の女性教員の割合は、参加国平均68.1％　日本39.0％であり、参加国中最下位である。「教員の性別の偏りは、生徒の成績やモチベーション、教員の確保など様々な点に影響する可能性があるとOECDは指摘している。」とコメントされている。TIMSSでも同様の結果が出ている。

4．日本の数理科学教育の「達成したカリキュラム」

4-1　児童・生徒の状況

　達成したカリキュラムとして、児童・生徒の状況を見ておく。
　文部科学省『学校基本調査　平成28年度版』によるものである。

　　小学校児童数　　　6,483,515名　　　中学校生徒数　　　　3,406,029名
　　高等学校生徒数　3,309,342名　　　中等教育学校生徒数　　32,428名
　　特別支援学校児童・生徒数　139,821名。

4-2　理数の学力低下論：学習指導要領の誤解と大学の大衆化

　20世紀末から21世紀初めにかけて、理数教科の学力低下論が盛んになった。この要因は、大きく二つあった。
　第一は、平成10年、11年告示の小中高校の学習指導要領で、土曜休

第 I 部　市民の教養としての数理科学

日や総合的な学習の導入などで、理数教科の内容が削減されたことである。その背景には、理数教科の不要論があり、例えば、「何のための微積分か」というような論調があった。当時も、そして現在も、高校生の80 % 以上が微積分を履修していた。学力低下論に輪を掛けたのが「円周率」騒動であった。「円周率は 3.14、目的に応じて 3 とする」だったが、一部の人々が「円周率は 3」と誤解したのである。

　第二は、大学・短大への進学率が 50 % 近くになり、大学の大衆化が進んだことであった。大学の教員にとっては、大学生の数学の基礎技能の剥落への不安があった。

　この二つの要因に対して、第一に対しては、理数系学会等の運動があり、平成 20 年、21 年告示の学習指導要領の改訂で、理数教科の内容は以前と同じような状況に戻った。第二に対しては、大学からは依然として同じような声も聞こえるが、大学教育での FD 活動や大学生への補習教育などで一応は平穏のようである。

　その後の 2 つの国際数学学力調査によって、学力低下の不安はさらに解消されていった。これは次に述べる。

4-3　日本の児童・生徒の数理科学の学力は国際的に高い

　日本の児童・生徒の数理科学の学力は国際的に高いとされている。日本は、現在行われている二つの有名な国際学力調査、IEA 国際数学・理科教育動向調査（TIMSS）と OECD 生徒の学習到達度調査（PISA）にそれぞれ第 1 回から参加し、毎回、高い順位を保持している。

　最近の 2012 年実施の PISA2012 では、高校 1 年生の数学的リテラシーは、65 か国中 7 位である。これは主要 7 か国（G7）の中では一番高く、また 10 位までの国で、人口が 1 億人を越えているのは日本だけだった。

　2015 年実施の TIMSS2015 では、小学校 4 年生の算数が 49 か国中 5 位、中学校 2 年生の数学が 39 か国中 5 位であった。

　このように、日本の小中高校生の数理科学の学力は国際的に高い水準にあると言われている。

第 2 章　日本の数理科学教育の現状と課題

4-4　日本の成人の数理科学の学力も国際的に高い

2011 年には、OECD 国際成人力調査（PIAAC）が、24 か国・地域が参加して実施された。16 歳から 65 歳の成人を対象に、読解力、数的思考力、IT を活用した問題解決能力の 3 分野のスキルの習熟度などが調査された。日本では無作為抽出で 5,173 人が回答した。

数的思考力とは、成人の生活において、さまざまな状況の下での数学的な必要性に関わり、対処していくために数学的な情報や概念にアクセスし、利用し、解釈し、伝達する能力とされている。例えば、食品の成分表示を見て、その食品の一日の許容摂取量を答えるものであった。

全体の平均得点では、日本は 288 点で 1 位であった。

年齢層別では、16 〜 24 歳では、1 位オランダ、2 位フィンランド、3 位日本、25 〜 34 歳では、1 位フィンランド、2 位日本、35 〜 44 歳では、1 位日本、45 〜 54 歳では、1 位日本、55 〜 65 歳では、1 位日本で、全体でも年齢層毎でも、日本はいずれも高い成績であった。ある世代の成績が低いと言われるが、そのようなことはないようである。

4-5　日本の生徒は数理科学に関する情意面で問題を抱えている

これまで述べてきた PISA や TIMSS という国際学力調査の質問紙調査からは、日本の数理科学教育の問題点が浮き彫りになっている。

①　日本の生徒は数理科学を学ぶ意義が見えない

2012 年実施の PISA2012 では、高校 1 年生に、数理科学を学ぶ意義、すなわち、数理科学の社会的有用性や数理科学を学ぶことと将来の職業との関係などを尋ねている。そして、4 質問項目を総合して「数学における道具的動機付け」指標を作っている。この指標が、OECD 平均は− 0.03、日本は− 0.50 で、17 か国中 17 位だった。

4 質問項目の平均肯定率（％）と順位は、次の通りである。

1）「将来つきたい仕事に役立ちそうだから、数学はがんばる価値がある」OECD74.3、日本56.5（17位）。

27

第 I 部　市民の教養としての数理科学

2)「将来の仕事の可能性を広げてくれるから、数学は学びがいがある」
　　OECD77.3、日本51.6（17位）。

3)「自分にとって数学が重要な科目なのは、これから勉強したいこと
　　に必要だからである」OECD65.3、日本47.9（17位）。

4)「これから数学でたくさんのことを学んで、仕事につくときに役立
　　てたい」OECD70.2、日本53.5（16位）。

いずれも16位か17位であった。

②　日本の生徒は数理科学を学ぶ意欲が低い

PISA2012では、高校1年生に、数学を学ぶ意欲、数学を学ぶ内容への興味についても尋ねている。そして、4質問項目を総合して、「数学における興味・関心や楽しみ」指標を作っている。この指標が、OECD平均は－0.01、日本は－0.23で、17か国中16位であった。

典型的な4質問項目の平均肯定率（％）と順位は、次の通りである。

1)「数学についての本を読むのが好きである」OECD30.0、日本16.9
　　（16位）。

2)「数学の授業が楽しみである」OECD35.5、日本33.7（12位）。

3)「数学を勉強しているのは楽しいからである」OECD38.2、日本30.8
　　（15位）。

4)「数学で学ぶ内容に興味がある」OECD52.9、日本37.8（17位）
　　12位、15位、16位、17位と、ほとんどが低い順位であった。

③　日本の生徒は数理科学を学ぶ自信があまりない

PISA2012では、また、高校1年生に、数学の自己効力感、つまり、数学の問題を解く自信についても尋ねている。そして、8質問項目を総合して、「数学における自己効力感」指標を作っている。この指標が、OECD平均は－0.01、日本は－0.41で、17か国中17位だった。

4質問項目の平均肯定率（％）と順位は、次の通りである。

1)「あるテレビが30％引きになったとして、それが元の値段よりいく
　　ら安くなったかを計算する」OECD79.6、日本60.6（17位）。

2)「新聞に掲載されたグラフを理解する」OECD79.1、日本54.0（17位）。

3)「$3x + 5 = 17$ という等式を解く」OECD84.8、日本90.6（5位）。

4)「$2(x + 3) = (x + 3)(x - 3)$ という等式を解く」OECD72.0、日本83.4（5位）

方程式を解くという純粋数学の問題は自信があるが、実世界の数学的な問題を解くのは自信がないようだ。

4-6　日本の生徒の数理科学の学力には性差などの格差がある

PISA2012 では、日本の高校 1 年生の数学的リテラシーの平均得点は男子の方が有意に高い 12 か国に入っている。なお、フィンランド、シンガポール、アメリカ、台湾、上海には有意差はない。

日本では、TIMSS2011、TIMSS2015 の小学校 4 年生、中学校 2 年生の数理科学の平均得点では男女差はない。一方、TIMSS では、日本の中学校数学の女性教師の少なさが指摘されている。中高校で、数理科学の平均得点に男女差を生み出す要因があるのだろうか。

また、PISA2012 では、高校 1 年生で、数理科学本来の探究的な学びに関連して、「直接的な推論を行うだけの文脈において場面を解釈し、認識できる」というレベル 2 以下の生徒の割合が 約 4 分の 1 であることが指摘されている。このことは、国内調査でも得点分布から同様の傾向が読み取ることができる。貧困などの経済格差により成績の格差が教育全体に出ているのだろうか。

5.　数理科学教育への学会や社会からの要請

20 世紀後半から、21 世紀にかけて、数理科学教育の新たな発想が生み出されている。

5-1　教育内容としての数理科学的な方法

20 世紀後半から、国際的に、教育内容として、数理科学的な内容とともに数理科学的な方法をも挙げられるようになってきた。

1979 年には、ユネスコの『数学教育の新しい動向』（数学教育国際委

第 I 部　市民の教養としての数理科学

員会：ICMI）で、数学的モデル化の重要性などが挙げられている。

　1980 年には、アメリカの全米数学教師協議会（NCTM）の『行動のための指針』で、問題解決の原則が挙げられた。

　1982 年には、イギリスのコッククロフト委員会の『数学は重要だ』において、コミュニケーションとしての数学が提唱された。

　これらの動きは、世界的に大きな影響を与え、数学の方法面への着目が、学校数学のカリキュラムにも反映するようになってきた。

　1989 年には、イギリスの『ナショナル・カリキュラム』で、「数学を利用し応用すること」において、「問題解決」、「コミュニケーション」、「数学的推論」が挙げられた。

　2000 年には、アメリカの全米数学教師協議会（NCTM）の『スタンダード 2000』において、内容基準とプロセス基準が挙げられ、プロセス基準では、「問題解決」、「推論と証明」、「コミュニケーション」、「つながり」、「表現」が挙げられた。

　翻って、日本を見てみると、1956 年に、高等学校の数学科の学習指導要領で、「一般教養としての数学的な考え方」が提唱され、方法論的内容として「中心概念」が導入されたが、次の改訂で消滅した。

　日本でその後、数理科学的な方法として、小中高校で算数的活動・数学的活動が学習指導要領に登場したのは、2008 年、2009 年であった。

5-2　すべての成人のための数学的リテラシー

　平成 20 年、日本学術会議と国立教育政策研究所によって、「科学技術の智プロジェクト」が行われ、「すべての成人」が持って欲しい科学技術リテラシーが作られた。約 150 名の科学者、技術者、教育者等が参加し、数理科学、生命科学、物質科学、情報学、宇宙・地球・環境科学、人間科学・社会科学、技術の 7 専門部会が作られ、それぞれが専門部会報告書を作り、また総合報告書を作った。

　数理科学専門部会は、「すべての成人」が持って欲しい数学的リテラシーについての専門部会報告書を作成した。それは、次の三つの部分か

ら成っていた。

「数学とは」。数学の基礎は数と図形であり、数学は抽象化した概念を論理によって体系化するものであり、数学は抽象と論理を重視する記述言語であり、数学は普遍的な構造（数理モデル）の学として諸科学に開かれている。

「数学の世界Ａ：数学の対象と主要概念」。数量、図形、変化と関係、データと確からしさから成る。

「数学の世界Ｂ：数学の方法」。言語としての数学と、問題解決・知識体系の構築としての数学の方法から成る。

5-3 「数学」から「数理科学」へ

日本学術会議・数理科学分野の参照基準検討分科会は、平成25年に、大学学部の数理科学分野の教育の見直しとして、「数理科学」について提言した。それは、数学と実世界の関係を見直して、「数学」に加え、「統計学」「応用数理」をも含めて「数理科学」としたものである。

そして、数理科学分野に固有の能力とともに、ジェネリックスキルとして、数字を批判的にとらえる思考力と感覚、本質を見極めようとする態度、抽象的思考、物事を簡潔に表現し、物事を的確に説明する能力、誤りを明確に指摘する能力、未知の問題に積極的に立ち向かい、冷静に分析し対処していく態度を挙げた。

5-4 コンピテンシー、スキルの育成を

1960年代になると、社会の急激な変化に対応する教育の必要性が顕在化してきた。そこで、ユネスコでは、生涯教育を提唱して、学ぶことを学ぶなどが大事だとされた。そして、1996年には、生涯学習の4本柱として、「知ることを学ぶ」「為すことを学ぶ」「共に生きることを学ぶ」「人間として生きることを学ぶ」が挙げられた。

21世紀に入ると、持続可能な社会、グローバル化、高度情報化社会などが掲げられ、社会の変化に対応する教育の目標として、経済界など

第Ⅰ部　市民の教養としての数理科学

を中心に社会で必要とされるコンピテンシー（知識・技能、能力、態度などからなる）の重要性が叫ばれ始めている。特に、OECD は、キー・コンピテンシーとして、「相互作用的に道具を用いる」「異質な集団で交流する」「自律的に活動する」の三つを挙げている。

　最近では、国際的にも国内的にも、教育目標として種々の能力が挙げられるようになり、欧米の経済界は、21 世紀型スキルとして、批判的思考、論理的思考、抽象的思考、創造的思考、分析的思考、コミュニケーション能力、協働的学習能力、ICT 活用能力などを提唱している。

6.　今後の課題

① 数理科学教育はすべての人のためにある

　　誰でもが、社会において数理的な判断を求められる。そこでは数理科学的な思考が必要不可欠である。

② 数理科学教育と現実世界をつなげる

　　小中高校の数理科学で、現実世界の「課題学習」を活用し、「数理科学と現実世界」という内容領域も新設したい。

③ 数理科学教育で育成できる力を明確にする

　　数理科学で、概念を創りだす、概念間の関係をつける、概念を確証する、概念を使う、概念を表現し対話をするなど。

④ 数理科学教育の指導内容の継続的な検討

　　現在ある内容を、現実世界との関係、数理科学の系統などで、現在ない内容を、学会や社会等の要請をもとに検討してみてはどうか。

⑤ 数理科学の教科書のあり方の検討

　　数理科学を学ぶ意義を入れ、対話を行えるようにし、ICT を利用し、発展的な話題や練習問題で生徒の多様性に配慮したい。

⑥ 児童・生徒が主体となる数理科学の指導・学習

　　児童・生徒が自分の考えを示し、主体的になれるように、児童・生徒の素朴な考えを大事にして指導で活かしていく。

第2章　日本の数理科学教育の現状と課題

⑦　高校と大学学部で数理科学教育の接続

　　高校でも大学でも、入学試験に頼るのではなく、多様な生徒・学生の必要に応えるように高校・大学の接続を図る。

⑧　数理科学教育の目的に沿った大学理学部での教員養成

　　大学理学部の中等教員養成の数理科学教育法も、初等中等教育と同様に数理科学教育の目的や数理科学を考える場にする。

⑨　数理科学・数理科学教育の社会的有用性の社会への働きかけ

　　数理科学を学ぶことは、これからの社会で生きていくための基礎となる能力を身に付けているのだと社会に働きかけたい。

　3層のカリキュラム・モデルを基に、小中高校の数理科学教育の現状を俯瞰し、そして、学会等の最近の要請を見て今後の課題を考えてきた。課題は今後の発展の糧となるものである。ぜひ、このような考察を、当初に挙げた数理科学教育の目的に照らして続けていくこととしたい。

第3章　STEM教育をめぐる国際動向と日本の課題

羽田　貴史

1. STEM教育に関する日本の研究動向

1-1　STEM教育とは

世界的にSTEM（Science, Technology, Engineering and Mathematics）教育が推進されている。米国では第2期オバマ政権のもとで初等中等教育から高等教育までSTEMの強化が推進されている。直接の動因は、経済競争の基盤としての科学技術の開発・促進策であるがSTEM教育とは必ずしも確定した概念ではない。

　　"STEM教育"という用語は、今は広く使われているが、何を意味し、アメリカの教育にどのような影響をもたらすのか？　技術と工学の生産物が日々の生活にとても大きな影響を与えるけれども、大体においては、科学と数学のみを意味する。真のSTEM教育は、物事がいかに活動し、技術の利用を改善するかについて、学生の理解を深めることであるべきだ。（Bybee, 2010）

　　科学、技術、工学及び数学での学習及び/若しくは課業（work）、これら特定された分野での学習のための予備学習も含む。ただし、国際的に統一して分野の分類はされておらず、健康科学、農学、環境、コンピュータ、心理学は含んだり含まなかったりするが、上記はコアである。（Freeman, Marginson & Tytler, 2015）

1-2　STEM教育の登場

STEM Educationという用語が使われだしたのは、2000年初期である。そ

第 I 部　市民の教養としての数理科学

の前、1990 年代に NSF（National Science Foundation）は "SMET"（Science, Mathematics, Engineering & Technology）の語を使いだしたが、"smut"（すす、みだらな話）と間違えられるので 2003 年頃から "STEM" と変更したという（Sanders, 2009）。2000 年創刊の *Journal of SMET Education* は、2003 年に *Journal of STEM Education* と改称し、この用語が定着した。要するに、理学・数学・工学及び技術教育を包含したものが対応すると考えてよいが、米国人の同僚に日本の文系・理系にあたる英語を聞いた時に、首をひねって STEM/Non-STEM と答えたので、もう少し概念は広い。Freeman, Marginson & Tytler（2015）の定義がよいかもしれない。

1-3　日本における STEM 教育への立ち遅れ

　日本の場合、ここ数年、STEM 教育への関心が高まり、国立国会図書館サーチでの検索（2017 年 2 月 25 日）では 2012 年以降、STEM をタイトルに含む 54 件の文献がある。しかし、佐藤（2013）のように科学と社会との関係を含めて考察するものは少なく、日本の立ち遅れを問題とし、米国を先進事例とする紹介や教授方法にのみ言及するものが多い。文献名は紙幅の関係で載せないが、そう多くはないので、国立国会図書館サーチで検索されたい。日本における外国教育情報の摂取に関するメタ分析は、大学教育研究において重要な課題である。

　埼玉大学 STEM 教育研究センター設置（2002）という例外はあるが、2010 年代まで STEM 教育は軽視されていたか注目されなかった。その理由に、90 年代から、教育改革において教育内容が軽視されてきたことをあげたい。日本の教育界においては、知識・理解と主体的学習とを対立的に捉える構図が半世紀にわたって存在し、科学や数学をしっかり身に着けることを妨げてきた。1998 年の学習指導要領では、考える力を育成するために理数関係の授業時数を削減し、日本数学会、日本化学会、日本物理学会など理数系関係学会の批判声明（1999）が出されたのは周知のことであろう。

　また、高等教育政策においても、OECD が述べているように、知識・

第3章　STEM教育をめぐる国際動向と日本の課題

理解を含んで定義されるキィ・コンピテンシーを、どのような知識を教えるかに関係付けず、ジェネリック・スキルを論じることも拍車をかけてきた。中教審答申『学士課程教育の構築に向けて』（2008）の汎用的能力論は、知識と能力を二項対立的に捉え、「大学教育の改革をめぐっては、『何を教えるか』よりも『何ができるようになるか』に力点を置き、その「学習成果」の明確化を図っていこうという国際的な流れがある」（p.8、圏点筆者）と断定した。

　いうまでもなく、国際動向なるものは単純に一つの傾向で説明されるものではない。この時期、ブッシュ政権下で米国競争力法（2007）が制定され、STEM教師70万人育成とSTEM教育の強化が打ち出されていたにもかかわらず、こうした単純化が行われたのである。第1次オバマ政権下でも、米大統領科学技術諮問委員会（PCAST）報告2010及び2011年の全米知事会は、STEM教育強化を打ち出し、第2次オバマ政権では、2012年にSTEM教育5年計画で12の目標を提示した。ここから日本では注目されだした。

　しかし、ほぼ同時期、中教審答申『新たな未来を築くための大学教育の質的転換に向けて〜生涯学び続け、主体的に考える力を育成する大学へ〜』（2012）は、授業外学修時間（ていねいにもフォーマルな教育課程の枠内の学習に限定した上で）の拡大が学士課程教育の質的転換になるとしたが、学習時間の拡大が焦点で、質を問題にしなかった。どのような知識が重要かは、『学士課程教育の構築に向けて』で参考として述べた「学士力」概念以上に深めなかった。政策的に展開される改革論は、学ぶ知識の体系や理解の重要さに及んでいない。

　もっとも、知識の内容を政府が決定することも危ないし、やってはならないことだ。そうであれば、現在25分野となった日本学術会議の参照基準や、学問体系全体の再構造化を図る『日本の展望−学術からの提言2010』のような学術界の成果が大学教育に反映する協働の取り組みを構築することに政府は意を尽くさなければならない．

37

第 I 部　市民の教養としての数理科学

1-4　注目の仕方への懸念

政策的立ち遅れがあるのだから、STEM 教育に注目が集まるのは結構なことであるが、理解の文脈には注意しなければならない。STEM 教育に関する文献の多くは、教育目的やカリキュラムの位置づけなく授業や方法論への関心に特化している。言い換えれば、育成する能力や知性、教養への目配りが弱い。

例えば、千田（2013）は、PCAST レポート 2012 を紹介し、STEM 教育の成果を測定する評価指標の開発や人材育成の目標数値が日本への参考になるとするが、医師等特定の分野以外での育成数を掲げた計画は、社会変化に対応できず、失敗してきた歴史が視野に入っていない。

そもそも STEM として求められる知識は何か。日本は、文系・理系という他国には見られない区分があり、人文・社会科学に必要な数理科学教育は不十分であり、理工系・医療系の教育には、人文・社会科学の知識が欠落している（東北大学高度教養教育・学生支援機構，2016）。

科学技術はプラスだけでなく、さまざまな負荷をもたらす。現代は、技術によってはシビア・アクシデントをもたらす「テクノサイエンス・リスク社会」（松本，2009; pp.10-14）である。STEM 教育には、科学技術の倫理、とりわけ社会に対する科学研究の責任を含めて進められなければならない（羽田，2017）。こうした大状況で STEM の見直しが科学論としても行なわれており、現在の分野別での STEM を拡大するのではなく、STEM 教育の再構築が必要である。他国と比べて STEM 教育への遅れを嘆くだけでは、1 世紀以上繰り返してきた欧米コンプレックスの再生産になりかねない。

2.　STEM 教育の国際動向とは何か

2-1　克服すべき米国高等教育理解の一面性

米国の STEM 教育理解には誤解がある。日本の米国理解は、たえず一面的であった。例えば、ブッシュ政権下のスペリングス報告による学習成果測定を国際動向と一般化し、それが先の中教審答申に影響も与え

た。しかし、経済偏重で大学教育の多様性を否定しかねない報告には当初から強い批判が寄せられ、委員であり、米国最大の高等教育団体である ACE（American Council on Education）会長 David Ward は署名を拒否、AAU（Association of American Universities）会長 Robert Berdahl は対話の必要性を訴え、AAUP（American Association of University Professors）は、アウトカム・ベースのアプローチは、米国高等教育の基盤を掘り崩すと批判した。委員の Zemsky は「委員会の議論でも文書でも、教育と学習についての洞察がほとんどなかった」と告白している。報告書の原案は、U.S.News & World Report の前大学ランキング担当 Wildavsky を含むチームが起案した（羽田, 2016）。学習成果測定は、大学ランキングが示すように、いまや教育産業の飯の種でもある。こうした政治的社会的文脈を無視して国際動向などと単純化してはならない[1]。

2-2　STEM vs. Liberal Education?

　米国における STEM 教育の主張は、共和党によるリベラルアーツ教育に対する批判とセットになっていることも見落としてはならない。スコット・フロリダ州知事「私は人々が仕事を得られるところに金を出したい。人類学者が沢山いることにこの国の利益があるのか？私はそう思わない」（Jaschik, 2011）、マックロイ・ノースカロライナ州知事「ジェンダーを勉強したければ私立学校へ行きなさい。私は、仕事を得られないところに金を出すつもりはない」（2013 年 1 月）など（Kiley, 2013）。STEM 教育は、共和党によるリベラルアーツ不要論とセットで語られているのである。外ならぬ日本でも「国立大学法人等の組織及び業務全般の見直しについて」（2015 年 6 月 8 日）によって、国立大学の人文・社会科学系学部の再編が行われた。こうした事実をふまえず米国のSTEM 教育の主張を評価するのは、事実上リベラルアーツ削減を容認していることになる。

　もっとも、言われっぱなしになっているほど、米国の大学人はもろくはない。人類学会は、スコット知事に素早く反論し、「人類学会は考古

第Ⅰ部　市民の教養としての数理科学

学、生物学、文化、医学、言語学を含んで研究しており、たぶんあなた
は人類学者が我が国の科学分野のリーダーであることを知らないのだ」
と反論し（Lende, 2011）、オバマ大統領もウィスコンシン州で「熟練工
や商売に通じた人々は、美術史の学位を取得した人よりもずっと多くお
金を稼げる可能性がある」とうっかり演説し、「オバマ大統領は共和党
の政治家たちと共通の地盤を見つけた」（Jaschik, 2015）とからかわれ、
慌てて訂正している[2]。

2-3　STEM and Liberal Education

　こうした構図の中で、各国の STEM 教育政策比較は重要であり、
Brigid Freeman, Simon Marginson & Russell Tytler（2015）[3] は注目すべき 1
冊である。

　同書は、各国の STEM 教育を総括し、ある場合には、STEM や科
学、数学の政策は、リテラシーと数量的思考能力のような他の目的と緊
張関係をもたらすと指摘しつつ、STEM 拡大の他の分野への影響とし
て、リーディング、リテラシー、言語能力、歴史、社会と文化の知識の
ような教育目標との葛藤はあるべきではなく、STEM 学習と非 STEM
学習とは相補的なものであると述べている（p.6）。事実、米国において
も、STEM vs. Liberal Education という構図ではなく、統合的に捉える意
見も見られる。ペンシルベニアのエリート・リベラルアーツカレッジ学
長アリソン・バイリィは、「最近の STEM をリベラルアーツに対抗させ
る議論の多くはメディアの利益から起きているものの、メロン財団の上
級シニア、ユーゲン・トビンがいうように、本当に暗雲なのだろうか？
科学や工学の強調と発展は重要だが、他の分野で応用するリベラルアー
ツの考え方を持つことが依然として必要である」と述べる（Klebnikov,
2015）。

　また、Daily News の 2016 年 4 月 14 日記事は、「フォーチュン 1,000 社の
多くや連邦機関は、リベラルアーツを学んだ学生を求めていると言って
いる。なぜなら彼らは批判的思考力を持っているからだ」（"Even in the

age of STEM, employers still value liberal arts degrees"）と報道している。

AAC & U（Association of American Colleges & Universities）の Project Kaleidoscope（万華鏡プロジェクト）は 1989 年にスタートし、学士課程教育における STEM 教育と学習の改革のために設置され、最先端の統合的 STEM 教育をすべての学生に提供することが目的である。LEAP（Liberal Education and America's Promise）を含めた学士課程教育の全体構造の中で、STEM 教育を理解することが重要である。

3. 日本における STEM 教育はどうあるべきか

3-1 *The Age of STEM* の示唆するもの

現在のところ唯一の国際比較研究である The Age of STEM から得られる示唆を概略する（以下、煩雑なので出典ページは略す）。この研究の目的と視点は次のように設定されている[4]。

- すべての教育分野での STEM 進学者の動向
- STEM 卒業生の労働市場への移行
- STEM と経済成長及び生活の良さ（well-being）との対応性
- STEM の衰退に取り組んでいる国と労働力におけるその、及び / 若しくはすべてのレベルの教育で STEM を強化するために国レベルの成果を上げる戦略、政策とプログラム。
- これらのプログラムの成果に関する判断、その方法は成功かどうか、評価の方法。
- いろいろな国による方法が、国を超えて効果的に転換可能かどうか、政策と専門的実践を変容し、借用し応用できるかどうか。

「序章　STEM 効果の広がりと深化」は、結論として、多くの国では、STEM、科学と技術、教育と R&D が一貫した枠組みで政策ないし法制化を推進しており、こうした政策は、しばしば人的資本として表現され、STEM 労働市場と各国の経済的実体の強化を目的としている。政策の

第Ⅰ部　市民の教養としての数理科学

目標や用語、教育レベル、カリキュラム・教授法・教師教育などの補助的事項は国によって多様であると述べている。目的及びこのまとめに明らかなように、各国の STEM 教育は、経済成長に果たす科学技術、数学教育を全教育過程において再活性化し、労働市場との接続を図るためのものである。性、マイノリティの STEM 教育へのアクセスなど重要な視点はあるが、日本の大学教育の課題にどう対応するか、批判的検討と解釈が必要である。

3-2　STEM から STEAM へ

前掲書が対象にしている 14 か国すべてについて言及するのは紙幅の関係もあって困難である。米国における STEM 教育の開始は、教育省長官諮問委員会報告書『危機に立つ国家』（1983）に始まるとされている。しかし、90 年代でも国際教育到達度評価学会による国際数学・理科教育調査（1995）で第 8 学年数学 28 位、科学 17 位など、国際学力調査で低いスコアしか達成せず、2002 年に成立した「こども落ちこぼれ防止法」（No Child Left Behind Act）は、学力格差是正を謳ったが、全体として効果なかった。先に述べたように、米国競争力法が、研究開発によるイノベーション創出の推進、人材育成への投資促進を打ち出し、オバマ政権においても政策は発展している。

政策とは別に STEM 教育と Arts を結び付けて創造性開発を進めようという動きもある。From STEM to STEM という訳で、The STEAM Journal が Claremont Graduate University を中心に 2015 年から刊行されている（http:// scholarship.claremont.edu/steam/)。ただし、高等教育に限っていない。

韓国の事例も大変興味深い。韓国は、1960 年代から 1980 年代まで経済発展に結びついた 5 年間の技術開発計画を策定してきた。1970 年代には重化学工業重視に伴い、電気・化学・機械産業人材を育成し、1980 年代に急速な産業高度化が進んだため、より高度な科学技術人材への需要が高まり、韓国科学技術院（Korea Advanced Institute of Science and

第 3 章　STEM 教育をめぐる国際動向と日本の課題

Technology）を設置し、大学院教育重視へ転換した。1990 年代まで人材
供給と需要は対応していたが、科学技術分野での雇用減少、科学技術分
野での進学減少する事態を招き、2000 年代に知識基盤経済が出現する
が、少子化に伴い、大学教育と産業のミスマッチが大きくなった。その
後、2006 年から科学技術人的資源育成教育基本計画（2006-2010）で人
材育成促進を行ってきた。韓国の事例は、日本の科学技術政策と極めて
類似しているが、異なるのは、2011 年の第 2 期計画で創造性基盤経済を
強調し、小学校からは、STEM に Arts を加えた STEAM を推進してい
ることである。キーワードは "creative thinking"、"academic convergence"
であり、教育省は STEAM 教育を主要政策として初等中等教育カリキュ
ラム改訂に導入している。

4.　日本の文脈における STEM 教育の課題

4-1　市民の教養としての STEM 教育の重要性

　日本の場合、直視すべきは、市民の教養としての数理科学、自然科学
や技術が教えられていないことである [5]。「科学と科学的知識の利用に
関する世界宣言」（1999 年，ブタペスト宣言）は、政策形成や意思決定
のための科学の必要性と役割を強調し、科学教育の重要性を指摘してい
る。政策決定がデータによって「論拠」づけられながら、市民が読み解
き、検討する力を持てないこと、あるいは日常的な暮らしを維持する基
本的な知識を持てないという実態を変える必要がある。基盤となる統計
教育と統計学部の欠落など制度全般まで視野に入れる必要がある。

4-2　文系基礎学としての STEM 教育の重要性

　文系学問に数学が不要というのは過去の学問観である。経済学におい
て、原論や経済思想史はもはや主流ではない。経済分析できない経済学
学習はあり得ない。最適化の数学として、ラグランジュ乗数、クーン・
タッカーの定理、経済動学には常微分方程式、自励系連立常微分方程式、
統計学・数理ファイナンスには行列代数、確率微分方程式などの高度な

第Ⅰ部　市民の教養としての数理科学

数学的能力が必須である。社会学は統計分析として重回帰分析、分散分析、パス解析、因子分析、数量化理論、構造方程式モデル、教育学・心理学には記述統計量・相関係数・正規分布・統計的仮説検定などが使われる。大学院などで初めて統計分析を学ぶが、データ処理のスキル中心で原理の理解は十分ではない（東北大学高度教養教育・学生支援機構, 2016）。

　なお、現在の自然科分野の STEM 教育が良いわけではない。大規模な研究不正であるディオバン事件は（2007-2013）、ノバルティスファーマ社の社員が統計解析を行い、利益相反とデータ操作を引き起こした。原因の1つは臨床医に統計解析能力がないためであり（J-CLEAR の指摘）、研究者の教育体系に問題がある。

4-3　大学教育として取り組むべきこと

　ここ数年来の数理科学教育に関する取り組みで、筆者は次のことが重要と考えている。関係者の議論を呼びかけたい。

・高校教育における数学選択制は、市民として STEM 教育を受ける基盤を切り崩し、弊害が大きい。国民共通基礎である数理科学を学ぶカリキュラムが必要である。
・数理科学教育は、現実を把握するための能力を育成するものであり、数学を学ぶ教育ではない。高校から大学にかけては、現実を分析するためのツールとしての数理科学教育が、数学者に限定されず行われるべきである。
・現代社会のさまざまな問題を解決する力を大学教育で育てるには、現在の文系・理系区分を克服し、STEM とリベラルアーツを学士課程と大学院教育で総合的に学習することが必要である。
・多くの工学部で行われている「創造工学研修」や大阪大学などで先駆的に進められている学際融合教育のように STEM とリベラルアーツを統合する教養教育の内容開発が必要である。

第 3 章　STEM 教育をめぐる国際動向と日本の課題

【注】

1) シカゴ大学法学・倫理学教授マーサ・C. ヌスバウム『経済成長がすべ
   てか？デモクラシーが人文学を必要とする理由』（岩波書店，2013）は、
   スペリングス報告が、教育内容については経済的利益に関する教育に
   的を絞り、きわめて実用的で人文学、芸術、批判的思考は無視されて
   いると批判する（pp.4-5）。スペリングス報告を礼賛する日本の論者は、
   米国での批判を無視するか、ほとんど述べない。人文学軽視という問
   題点に触れず、学習成果測定の画一化という論争を伴うイシューの片
   方だけ「国際動向」とするのはフェアではない。大学教育学会は専門
   的訓練を受けた研究者だけでなく、大学教育の運営や実務を担当する
   職員が増加している。動機は、カリキュラム運営や学生支援、授業評
   価など業務に携わる実務的情報と知識を手に入れることである．学会
   の機能は、新たな知を思想の自由市場の審査を通じて吟味し、安定的
   な知識として確定することにある。知を創造する主体ではなく、単に
   実用的な知識を求める集団になった時、学会は変質し、出来合いの
   （お粗末な）知識を伝播するだけの組織になってしまう。だからこそ、
   学会員が様々な知識を批判的に吟味しながら受容し、新たな知を創造
   する研究的アプローチを身体化するエトスを共有する必要がある。流
   通する知識は正確なものでなければならないのは学会の魂とでもいう
   べきものだが、「役に立つ」ことを追求するだけの言説を聞かされて
   「腹が立つ」ことが多い。

2) 対照的に、ある国の学会は、人文・社会科学系の組織見直しを指示し
   た官僚を学会記念行事に招待し、ご高説を賜っている。信念を持たな
   い学問は、災いを招く。

3) 同書は、オーストラリア政府科学顧問 Ian Chubb に主導され、ACOLA
   （Australian Council of Learned Academies）が、オーストラリア人文
   学アカデミー、同科学アカデミー、同社会科学アカデミー、同技術学
   工学アカデミーのインターフェースとなり、Simon Marginson が統括
   して 2012-2013 年に実施した調査プロジェクトの成果であり、主要な
   関心は、後期中等教育における STEM のレベルと配分の増加、大学で
   STEM を学ぶ学生の増加、職場で STEM に関した知識を活用すること
   の促進、科学研究の質と量の向上、公衆への STEM への態度の向上に
   ある。USA、UK、Japan、Korea など 14 か国の比較研究で、カントリー

45

第Ⅰ部　市民の教養としての数理科学

レポートをもとに執筆された。筆者は、2015年3月オーストラリア調査で、メルボルン大学 Richard James、Brigid Freeman へインタビューした。

4)　職業への移行が重要な焦点であるため、高等教育が対象ではあるが、それのみが対象であるわけではない。日本の部分は、全体の枠組みに沿い、STEM 分野の教師・学生数、卒業生、学位数、性別など定量的データによって構成されている。STEM 教育とリベラル教育との関係という視点では、日本の場合、文系・理系とされる高校での選択制がもたらす影響，大学の共通教育における数理関係科目、自然科学関係科目の内容、履修基準、さらに子どもの理数系学力の特質も重要な検討課題である。

5)　ある私立大学で講演した時、今の学生は単利と複利の区別がつかない、という話を聞いて仰天したことがある。もちろん、教えれば理解できるのだろうが、ローンを使いこなす知識すら高校で身に着けず大学に入る実態をどう考えるか。また、ある学会発表で、日本の主婦は投資に積極性がないので日本の経済は活性化しないから、投資の意義を教える授業で進めるべきという主張を聞き、消費者教育・金融教育の視点の欠落にぶったまげた。東北大学高度教養教育・学生支援機構の教育関係共同利用拠点事業が数理科学教育に取り組み始めた理由である。

【文献】

Bybee, Rodger W. (2010) "What Is STEM Education?" *Science*, Vol. 329.

Freeman, Brigid, Marginson Simon and Tytler Russell. (2015). *The Age of STEM: Educational policy and practice across the world in Science, Technology, Engineering and Mathematics*, Roultlege.

羽田貴史（2016）「高等教育における組織・ガバナンス・マネジメント・リーダーシップ」（日本高等教育学会第 19 回大会課題研究報告）.

羽田貴史（2017）「テクノサイエンス・リスク社会における研究倫理の再定義」『高等教育研究』第 20 集（日本高等教育学会）.

Jaschik, Scott. (2011) "Florida GOP vs. Social Science", *Inside Higher ED*, Oct.12.2011.

Jaschik, Scott. (2014) "Obama vs. Art History.", *Inside Higher ED*, Jan.31.2014.

第 3 章　STEM 教育をめぐる国際動向と日本の課題

Kiley, Kevin. (2013) "Another Liberal Arts Critic", *Inside Higher ED*, Jan.30.2013.

Lende, Daniel. (2011) "Florida Governor: Anthropology Not Needed Here", *PLOS/BLOGS*, Oct.11.2011.

Klebnikov, Sergei. (2015). "Liberal Arts vs.STEM:The Right Degrees, The Wrong Debate", *Forbes*, Jun 19. 2015.

松本三和夫（2009）『テクノサイエンス・リスクと社会学―科学社会学のあらたな展開』東京大学出版会.

Sanders, Mark. (2009). "STEM, STEM Education, STEM mania." *The Technology Teacher*, Dec/Jan.2009.

佐藤文隆（2013）『科学と人間：科学が社会にできること』青土社.

千田有一（2013）「米国における科学技術人材育成戦略―科学，技術，工学，数学（STEM）分野卒業生の 100 万人増員計画―」『科学技術動向』2013 年 1・2 月号，科学技術政策研究所科学技術動向研究センター.

Teitelbaum, Michaels S. (2014). "The Myth of the Science and Engineering Shortage." *The Atlantic*, Mar 19, 2014.

東北大学高度教養教育・学生支援機構（2016）『IEHE Report 65 数理科学教育の新たな展開―文系基礎学・市民的教養としての数理科学―数理科学教育シンポジウム報告書』.

※この章は、『大学教育学会誌』第 39 巻第 1 号（pp. 81-85）に掲載された論文に加筆修正したものである。

第Ⅱ部

大学における数理科学教育

第4章　大学教育における数理科学教育の現状と課題

宇野　勝博

1. はじめに

　数理科学・数学・算数の能力についての様々な調査が 2000 年頃以降、特に多く行われてきた。3 年ごとに実施される PISA 調査、2007 年以降小学 6 年生と中学 3 年生に対し毎年行われている全国学力・学習状況調査（以下、「学力調査」）。更に、学会や研究チームによる調査も多数ある。これらの調査は互いに内容が関連している部分もあるが、調査対象や目的などは様々である。こういった調査の中で、筆者は、2011 年に一般社団法人日本数学会が実施した「大学生数学基本調査」（以下、「基本調査」）と一般社団法人大学教育学会が 2015 年に実施した「大学生学生調査 2015」の一部に関わった。これらの調査の結果の詳細については、既に発表済みの事項もあるが、本稿では、調査結果を簡単に紹介し、調査の背景や結果から見えてくるものと将来への展望を述べる。

2. 日本数学会の調査

2-1　調査の概要

　日本数学会では、2011 年 4 月から 6 月、48 大学、約 6,000 人の大学初年次の学生を対象に「基本調査」を行った。結果は既に日本数学会のホームページで公開されている（日本数学会教育委員会, 2013）。そこでは、問題設定や採点の詳細、つまり、どういう解答をどう評価したかなどが詳しく説明されている。また、様々な相関関係についての結果も掲載されている。この調査は、ランダムサンプリングで行われたものではない。このため、その後、統計データを元に、全大学生に対して調査を行った場合の推定値も算出されている。以下、この調査で出題された設

第Ⅱ部　大学における数理科学教育

問のいくつかについて結果および背景を説明する。

2-2　第1問(1)

第1問(1)は次の通りである。

　ある中学校の3年生の生徒100人の身長を測り、その平均を計算すると163.5 cmになりました。この結果から、確実に正しいと言えることには○を、そうではないものには×を記入してください。

(1)　身長が163.5 cmよりも高い生徒と低い生徒は、それぞれ50人ずついる。

(2)　100人の生徒の身長を合計すると16,350 cmになる。

(3)　身長を10 cmごとに区分けすると160 cm以上、170 cm未満の生徒が最も多い。

　この問題の正答率は、旧帝大系の大学では90％以上だが、入学難易度が余り高くないとされている私立大学では50％を少し超えたぐらいである（大学の分類は、ベネッセのマナビジョンで提供されている大学の入学難易度別の分類に従っている）。また、全体でも70％程度で、学部別では、案外低いのが教育学部である。ただし、様々な学部の学生が受講している授業で実施されたケースもあるので、学部別の分類は必ずしも正確ではない。

　この問題は、PISA調査における設問を念頭に設定された。PISA調査では設問の類題が公開されていて、その中に、あるクラスの生徒の身長を測って平均値を算出したが、その日欠席の生徒が2人いたので、翌日その2人の身長を測って平均を再算出したという状況で、再算出した値の可能性を問う問題があった。「基本調査」では、1問あたりの回答時間が5分なので、このPISA調査の問題を参考に簡略化して設定した問いが第1問(1)である。実は、高校生を対象とする過去の別の調査で、いくつかのデータの平均値を求めさせる設問がある。この調査も、ランダム

サンプリングで行われたものではないが、正答率は 90 % を越える。これらの結果から、平均値は計算できるが、平均値・最頻値等の意味を理解していない学生がいるのではないかと推察できる。これは、大学の社会科学系の先生からしばしば聞かれる学生の実態とも符号する。

　一方、文部科学省が行っている「学力調査」には、A 問題と B 問題があり、A 問題の例としては、平成 19 年度の調査問題、算数 A、5(1)として出題された、底辺の長さと高さを与えた平行四辺形の面積を求めさせる問題がある（国立教育政策研究所, 2005）。これをはじめ、A 問題の正答率はかなり高い（この問題の正答率は 96.0 %）。それに対し B 問題では、同年度の調査問題、算数 B、5(3)として出題された、地図が書かれていて、そこに平行四辺形の形をした公園があり、その面積を考えさせる問題がある。この問題では、底辺の長さと高さだけではなく様々な所の長さが与えられていて、どの値を使えば良いかを考えなければならない。この問題の正答率はかなり低く 18.2 % である。

「基本調査」は、実は「学力調査」の結果が示すように、単純計算はできるが計算や結果の意味を理解していないのではないかとの懸念が大学生からも感じられることをひとつの背景として実施された。PISA2012 において定義された「数学的リテラシー」には「様々な文脈の中で定式化し、数学を適用し、解釈する個人の能力であり、数学的に推論し、数学的な概念・手順・事実・ツールを使って事象を記述し、説明し、予測する力を含む。」との文章がある。中央教育審議会でも数学的リテラシーの重要性は認識されていて、それが「学力調査」の B 問題の内容にも現れていると考えられる。そしてまた「基本調査」も、数学的リテラシーを意識して設計されている。従って、「基本調査」は大学生の数学、特に論理力についての実態把握、及び、問題意識の共有を目的としているが、上に述べた観点に基づいてこの目的を達成するために、小学校から高等学校 1 年で学習する内容で、論証的な文章の理解力、論理的説明能力、および、数学的イメージの言語的表現力（数学用語の理解）を問う問題を出題している。

第 II 部　大学における数理科学教育

　例えばこの第 1 問(1)は、平均値の求め方を問うているのではなく、平均値から論理的に導かれる内容を理解しているかを問う問題、つまり、与えられたデータから何かを求めるのではなく、得られた結果から元データの状況を論理的に推察させる問いになっている。また、この意味で、統計学の考え方の一面を意識した設問であるとも言える。

2-3　その他の問題

　次に示す第 1 問(2)は、公務員採用試験等でよく見られる論理の問題を意識して作られている。この問いの正答率も予想した程高くはなく、全体で 60 ％台である。

　次の報告から確実に正しいと言えることには○を、そうでないものには×を記入してください。公園に子供たちが集まっています。男の子も女の子もいます。よく観察すると帽子をかぶってない子供は、みんな女の子です。そして、スニーカーを履いている男の子は 1 人もいません。
　(1)　男の子はみんな帽子をかぶっている。
　(2)　帽子をかぶっている女の子はいない。
　(3)　帽子をかぶっていて、しかもスニーカーを履いている子供
　　　は、1 人もいない。

　問題内容は省略するが、第 2 問以降の問いに対する誤答の類型としては、例示と論証、類推と論証の区別がついていない、主観的な印象と客観的な性質の区別がついていないなどの他に、数学用語を正しく用いることができていない、などがある。また、正答率に影響を与える要因は、大学の入学難易度以外に、入学試験における数学の解答形式によることが分かった。数学を課していない場合やマークシート方式のみの出題であれば、誤答に陥りやすい。また、これらの傾向は、文系・理系の差よりも影響が大きいという結果が出た。「基本調査」の結果から特に分か

ることは、大学生の統計的内容の理解や論理力の不足である。これらを学ぶ機会が多くの学生にとって必要だと考えられる。

3. 大学教育学会の調査

3-1 調査の概要

一般社団法人大学教育学会の課題研究「学士課程教育における共通教育の質保証」（研究代表者：高橋哲也大阪府立大学教授）が 2013 年度から 2015 度の 3 年間にわたって行われ、間接評価、直接評価の問題など、学士課程教育における様々な問題が研究された。その中に 4 つあるサブテーマの 2 では、数理科学分野に特定してカリキュラムマネジメントや評価を具体的に考えることを目的に、課題として「数理科学分野における共通教育の質保証」が掲げられ、筆者もサブテーマ 2 を担当するグループの一員としてこの課題に取り組んだ。この研究の結果は、高橋（2015）、および、高橋・宇野・深堀・水町（2016）で報告されている。この節では、この研究において行われた調査結果の一部とそこから見えてくる事柄について述べる。ここでも数学的リテラシーがキーワードとなる。

3-2 数学的リテラシーの教育目標での位置づけ

この課題研究では、215 の大学に対するアンケート調査が 2014 年の 4 月から 7 月にかけて行われた。このアンケートの数理科学教育についての問いでは、まず、各大学における教育目標の中に数学的リテラシーがどのように書かれているかについて尋ねた。数学的リテラシーに関係して行われている教育の最大公約数的なものと中央教育審議会等の文章に書かれている内容を照らし合わせることで、数学的リテラシー教育の指針の作成、あるいは、モデル化が可能となるのではないかとの目的で設定された問いである。教育目標には、アドミッション・ポリシー、カリキュラム・ポリシー、ディプロマ・ポリシーの三つのポリシーがあるが、そのポリシーの中で数学的リテラシー教育について、どう定められてい

第Ⅱ部　大学における数理科学教育

るかを問うたのである。

　結果は、数学的リテラシー教育が教育目標に位置付けられていますか
という問いに対して、

　　とてもそう思う……………2％
　　まあそう思う……………　16％
　　あまりそう思わない……　49％
　　全くそう思わない………　33％

となっていて、約16〜18％が「位置付けられている」と回答している
が、残りは「位置付けられていない」と回答している。大学の設置形態
別で国立、公立、私立、短大と分けた場合の結果もほぼ同様で、「とて
もそう思う」は、私学に少しあるのみである。「まあそう思う」がやは
り私学では少々あるが、公立や短大では非常に少なく、「あまりそう思
わない」か「全くそう思わない」が圧倒的に多い。

　次の問いは、数学的リテラシーに関する科目について「専門科目以
外で数学的リテラシーに関する科目が開講されていますか」と尋ねたも
のである。これも回答した216の大学のうち、「はい」と答えた大学が
56％、「いいえ」と答えた大学が44％であり、肯定的な答えは半分強で
ある。設置形態別に見ると、私立では「はい」と答えた大学数が多く、
また、国立でも少し多めであるが、公立と短大の場合は、「いいえ」と
答えた大学の方が多い。この二つの問いから、数学的リテラシーに関す
る教育目標はなくても、科目はあることが分かる。

　次に実際に開講されている科目の区分を見る。まず、数学的リテラ
シー科目が必修なのかどうかについての回答は以下の通りである。

　　必修・選択必修………　29.7％
　　自由選択………………　44.6％
　　学部・学科による……　25.7％

　上のように、必修と選択必修の割合の合計でも約3割に過ぎない。受
講してもしなくても良い大学が少なくとも半数近くある。

　また、数学的リテラシーに関する科目の開講数は、以下の通りである。

56

第 4 章　大学教育における数理科学教育の現状と課題

　　3 科目以下…………… 74.0 %
　　5 科目程度…………… 18.2 %
　　10 科目程度以上 …… 　7.7 %

　大学全体で 3 科目以下というのが 74.0 ％であることから、多くの科目
が開講されている大学はごく少数であることが分かる。ただ、それぞれ
の大学においてのアンケートの回答者は、共通教育を司る部署の長の方
や、授業担当者など様々であると思われる。数学的リテラシーに関する
科目かどうかの判断も様々である可能性がある。

3-3. 数学教育科目の分類

　数学的リテラシーについての教育目標が全学的に位置づけられてい
て、かつ、科目としても開講されている大学において、実際にどのよう
な科目が開講されているかについて尋ねた。回答に書かれた科目は次の
三つに分類される。

　(1)　専門（基礎）科目あるいは専門科目として開講される科目
　(2)　教養科目（選択科目）として開講される科目
　(3)　全学士課程学生対象の科目として開講される科目

　(2)に分類される科目は教養科目であり、余裕があれば知っておくべき
内容ということになる。また、(3)に分類される科目は、市民・社会人と
して持っているべき資質・能力を育む目的で設定していると思われる科
目である。ただ、(2)と(3)の区別は難しい。実際に開講されている科目を
この区分で分類すると以下のようになる。

　(1)の専門（基礎）科目として開講される科目には、「確率の基礎」「確
率入門」「確率の応用」「統計の基礎」「統計の応用」「統計解析」「情報
処理統計学実習」「情報の数理」「コンピュータ数学」「数学の基礎」「経
営数学」「基礎線形代数」などが該当する。

　(2)教養科目として開講される科目には、「数学の世界」「数理の世界」

57

第Ⅱ部　大学における数理科学教育

「数と形」「数学する楽しみ」「ゲームとパズルの数学」「素数の不思議」
「伝えておきたい数学」「数学との出会い」「数学の美しさと面白さ」と
いった科目が該当する。

　(3)全学士課程学生対象の科目として開講される科目には、「コン
ピューターリテラシー」「統計リテラシー」「数量スキル」「統計的思考
の基礎」「数的処理」「数的思考」「数理的思考の基礎」「数学の思考法」
「数学的活動」「課題解決入門」などが該当する。

　しかしながら、これらは各科目のシラバスから判断したのではなく、
あくまでも科目名からの類推に過ぎない。

　(2)に分類されている科目は、これまでに得られてきた数学的知見や、
数学を身近に感じるための手掛かりとなる事項の紹介が中心であり、数
学的リテラシーを意識した科目とは言い難く、(3)に分類される科目のみ
が数学的リテラシーの定義に沿った科目の可能性が高いと思われる。こ
の考察に基づくと、数学的リテラシーを育成する科目を開講している大
学は極めて少数であることが分かる。

　また、(2)(3)に分類されている科目で教えられている内容は、担当教
員に任されていることが多いようであるが、担当教員が数学的リテラ
シーをどのように捉えているかまでは調査できていない。また、科目内
容と全体的な目的設定が個々の担当教員に任されているとすると、数学
的リテラシーを育成する科目が大学において適切にマネジメントされて
いるとは言い難い。さらに、(3)に分類されている科目の内容に共通点が
あるとしても、データが与えられたときの分析方法などに限られると思
われる。

　3-2 および 3-3 の考察から分かるように、当初の目的である、数学的
リテラシー教育の最大公約数的なものを見出してのモデル化は、そもそ
もモデルがほとんど存在しないことから不可能であると結論づけざるを
得ない。さらに、モデルに基づく評価・測定も当然不可能である。この
ような状況について、小笠原は、理学的研究と工学的研究になぞらえ次
のように述べている（小笠原，2016）。

第4章　大学教育における数理科学教育の現状と課題

「工学的研究の立場から評価すれば…学士課程という重要な建物に当然あるべき『数学的リテラシー』という柱が欠けていた」

「高等教育というものを一つの社会現象としてとらえれば、その研究は理学的研究に近くなります。…一方、高等教育を人工物と考えますと、高等教育研究は工学に近くなります。…学士課程に『数学的リテラシー』という柱が必要であることが明らかだとしたら、それが存在しなかったという研究結果は、当然、欠陥構造物を作った製造者の責任追及に発展するでしょう。さらに、そのあとどうするかという問題も生じます。…人工物の場合はそのままにするか、立て直すのか、改修するのか、いずれにせよ根拠を示して具体的に方向を示さなければ研究者としての役割は果たせません」。

さらに、このような認識のもと、大学教育の一層の充実を図るために行われる高等教育研究においては「強い当事者意識」も必要であることが述べられている。また、そうなると当然代案の用意も必要である。

拙稿で代案を提示するのは困難であるが、一般的に科目を設計する場合、まず、概念・考え方、または、スキルのどちらを重視するのか、つまり、分かること、できることのどちらを目標とするのかの問題意識がある。しかし、数学的リテラシーを「数学的に推論し、数学的な概念・手順・事実・ツールを使って事象を記述し、予測する力を含む」と捉えれば、前者を重視することは明らかである。また、科目内容として最大公約数を取り出すとすれば、やはり、データを読む力（統計学の一部分）と論理力を涵養する内容になるのではないかと思われる。実際にどのようにカリキュラムに反映させるのかについては、個々の大学の事情による。

4. 大学生学習調査 2015

3節で述べた大学教育学会の課題研究のサブテーマ3は「学士課程教育における学習成果の間接評価」であり、このチームが2015年4月から7月にかけて「大学生学習調査2015」を実施した。研究結果の概要も既

第Ⅱ部　大学における数理科学教育

に発表されている。（山田，2016）この調査での数理問題の1問をサブ
テーマ2のチームが作成した。その問題は以下の通りである。

　　下の表は、A、B、C 3つの都市の面積と2003年と2010年の人口を
表にしたものです。2010年に人口密度が9000人/km²を超える都市
をすべて選びなさい。

都市	A	B	C
面積（km²）	221	144	437
2003年の人口（千人）	2624	1290	3519
2010年の人口（千人）	2661	1410	3672

　人口密度は小学5年生で学習する内容であるから、上の問いが果たし
て大学1年生の数学的リテラシーの問題に相応しい問題であるのかとい
う疑問を持たれるかも知れない。しかし、この問題の解答時間は5分間
で、電卓は使用できないという制限がある。2節で述べた「基本調査」
の第1問(1)と同様、このような状況下でこそ、問題の本質を見極めて解
答する必要が出てくる。「人口密度を求めなさい」という問題であれば
除算を実行するしかないが、9,000人/km²を超えるかどうかが問われて
いるだけであるから、9,000と面積を掛けた結果と人口を比較して解答す
ることもできる。あるいは、除算を用いるとしても、百の位以下は求め
る必要はない。問題の本質を見極めれば、比較的容易に正解を得る方法
が見出せるのである。人口密度の概念を知っている必要はあるが、それ
を知っているかどうかや除算が正しく実行できるかを見るための設定で
はなく、一定の制限下で、人口密度の概念やその計算の仕組みを用いて、
与えられた課題を数理的に処理する能力が結果として現れるように設定
しているのである。つまり、何が求められているかを見極め、定義や計
算方法から、最も効率的に解答を得られる方法を的確に見いだすことが
できる力が問われているのである。

また、この問題の設定では、例えば、「人口密度が 9,500 人 /km² を超える都市をすべて選びなさい」とすることもできる。しかし、そうすることで二桁の乗除算まで行う必要が生じるので、それに伴って計算間違いも増加することになり、上に述べたような本質とは異なる要因で誤答に達する可能性が高くなる。これを排除し、かつ、解答に必要な本質的理解を用いれば約 5 分間という短時間で解答できるであろうという計算量を見積もって設計している。一般的に、数学の設問は扱う数値の複雑さ（桁数、具体的な数値）によって正答率は上下する。センター試験のように、一定範囲の受験者の能力を同じ問題を使用して順序付けする場合は余り問題にならないが、期間をあけての調査が必要で、同一問題が使用できない場合は注意が必要である。また、集団の能力の状況判定には有効でも個人の能力の測定には適していない方法もあるので、個人の能力を測定する場合はさらに慎重さを要する。

　この問題の正答率は 48.6 ％（533 人中 259 人）である。また、誤答は 45.2 ％（533 人中 241 人）であり、無回答も 6.2 ％（533 人中 33 人）ある。

　この結果は、半数近くの学生が人口密度を理解していないことを意味する訳ではない。おそらく、解答時間を一定以上長くすれば正答率が 100 ％に近くなるであろう。しかし、それでは、小学 5 年生の学力試験の問題となる。これまで述べてきたように、数学的リテラシーとは、例えば、実生活において、課題に直面した場合に、数学を適用し課題を解釈する能力であり、数学的推論の能力等を含む。問題を正しく認識し、一定の制限の元でどのような計算が必要なのか判断し、実行できる能力は、問題の数学的意味を単に理解し必要な単純計算ができる能力とはまた別の能力なのである。このような能力である数学的リテラシーの教育が大学で必要とされる理由もここにある。今後は、こういった能力の測定が短時間で実行できる問題をどう設計するかの研究をさらに進める必要があると思われる。

第Ⅱ部　大学における数理科学教育

5. 高大接続との関係

　2節では PISA2012 における数学的リテラシーの定義についで述べた
が、日本でも、例えば、2016 年 12 月には、中央教育審議会から次期学
習指導要領策定に向けての答申が出され（中央教育審議会, 2016）、その
中において、高等学校の数学科において育成を目指す資質・能力として
以下の事柄があげられている。

　知識・技能
　　・数学における基本的な概念や原理・法則の体系的理解
　　・事象を数学化したり、数学的に解釈したり、表現・処理したりす
　　　る技能
　　・数学的な問題解決に必要な知識

　思考力・判断力・表現力等
　　・事象を数学的に考察する力
　　・既習の内容を基にして問題を解決し、思考の課程を振り返ってそ
　　　の本質や他の事象との関係を認識し、統合的・発展的に考察する力
　　・数学的な表現を用いて事象を簡潔・明瞭・的確に表現する力

　学びに向かう力・人間性等
　　・数学的に考えることのよさ、数学の用語や記号のよさ、数学的な処
　　　理のよさ、数学の実用性などを認識し、事象の考察や問題の解決
　　　に数学を積極的に活用して、数学的論拠に基づいて判断する態度
　　・問題解決などにおいて、粘り強く、柔軟に考え、その過程を振り
　　　返り、思考を深めたり評価・改善したりする態度
　　・多様な考えを生かし、よりよく問題解決する態度

　このうち、思考力・判断力・表現力等の部分は、数学的リテラシーに
特に強く関連し、この記述をもって数学的リテラシーについての一定の

指針がほぼ明らかにされていると言える。しかしながら、この高等学校において育成を目指す資質・能力に対し、大学においてうまく接続するカリキュラムとしてどのような内容が適切かという問題を考える場合には、他にも様々な観点が必要となる。

例えば、高等学校の数学と言っても、必修は数学Ⅰだけである。そうなると、数学Ⅰを学び終わった時点、あるいは大学進学を目指す場合も、例えば、数学Ⅱ、数学Bを学び終わった時点で、進路によっては数学の勉強は終わったという印象を抱いてしまうことが危惧される。つまり、それ以降の数学は、必要とする人だけが学べば良いのであるという気持ちになるのではないかという危惧である。もしそうだとしたら、既に終わった科目を、なぜ大学でもう一度履修させられるのかという思いがどうしても出てくる。しかも、高等学校で学ぶ内容でさえも、微分・積分、指数・対数まで必要なのかという意見がしばしば聞かれる。もちろん、何のために学ぶのかは、人によって違う。しかし、このような状況を考えると、大学における共通教育で学ぶ内容を設定する場合、何等かの共通認識を一般社会において醸造することが重要である。例えば、アメリカ合衆国で "Math for all"、つまり、全ての人のための数学という考え方があった。このような考え方の日本版が広がるような方策を考えることが必要かもしれない。

このように、高等学校と社会の間に位置する大学の教育のあり方について、より具体的な議論を進める必要があるにもかかわらず、3節で述べたように、現状は全く心許ないものとなっている。

具体的な議論を進めるにあたり参考となるのは、1950年代から60年代の教育の状況ではないかと考えられる。1960年の高校進学率は57.7%であり、2015年の大学進学率である56.7%に近い（学校基本調査（e-Stat）による）。従って、当時は中学校を卒業して社会に出て行く人が4割以上いるという状況を鑑みて学習指導要領やカリキュラムが設計されていたと思われる。例えば、中学校3年生のカリキュラムに三角比や頂点が原点以外の二次関数があった。中学校卒業後に社会に出る人にとって、

第II部　大学における数理科学教育

どのような職業に付く場合も上に述べたような知識・概念は必要な状況があり得るという考え方に基づいて、その最も基本的な事項をカリキュラムに組み込んだのではないかと推察される。実際、三角比は測量等の技術などに幅広く応用されていたし、最大・最小の概念は戦略的経営などにも必要であった。

　このように考えると、現在でも、まず高等学校で数学の学習を終わる人にとって社会に出てからも必要となる数学の内容としては何が適切なのか、次に、大学進学を目指す人にはどのような内容の数学を高等学校で学ぶのが適切なのかという視点で考える必要がある。さらにそれを受けて大学では、専門的な内容も十分に学ぶ必要があることを考慮しつつ、共通教育における数学的リテラシー科目の設計が適切に行われなければならない。

　3節の最後でも述べたが、共通教育における数学的リテラシー科目で涵養すべき能力のうち最小限含まれるべきものは、データなど世の中に見られる数値の意味を把握する力（統計学の一部分も含む）、および、論理力ではないかと思う。ここでいう論理力とは、与えられた情報から数学的推論により適切に導かれる事柄の把握などであり、いわゆる、必要条件、十分条件、命題などといったことを学ぶ狭い意味での論理学の力ではない。つまり、まとめると、与えられた数的データ、文章記述（必ずしも数学的記述とは限らない）の意味を把握し、そこから何が得られるかを論理的に判断し、さらに深い結論を得るためにはどのような情報が不足しているのかを見出す力であると言える。無論、数学的リテラシーには、数学的な概念・手順・事実・ツールを使っての事象の記述や、説明・予測する力も含まれるので、上に述べた事項は、あくまでも最小限のものである。これらの内容を実際のカリキュラムにどのように反映させるのかについては、入学試験等で数学をどこまでを課しているのか、あるいは、専門科目において上記の内容を学ぶ機会があるのかなど、個々の大学・学部・コースなどの事情に依る。すなわち、数学的リテラシーの内容として学ぶべき事項を具体的に規定し、それぞれの学位

プログラムにおいて、どの科目でそれを学ぶかを設計するマネジメントが行き届いていることが結局は肝要ではないかと思われる。

6. 初等教育から大学共通教育までの長期的視点

　最後に、初等教育から大学の共通教育という長いスパンで見たときの数学的リテラシーについて考える。

　2節で述べたように、「学力調査」のB問題などを通じて、数学的リテラシーの考え方は既にかなり浸透しつつあると考えられる。一方で、やや古いデータではあるが、2007年の大阪府における小学校教員のうち理系学部出身者は13％であるにもかかわらず（「大阪と科学教育」大阪府教育センター、2007年発行）、ベネッセの2008年の調査では、小学校教員の86％は算数指導に不安を感じていない。少なくとも先生にとっては、算数の問題の解答は容易に得られるとの思いがこの結果に繋がっているのではないかと推察される。一方、なぜそのように考えるのか、あるいは、なぜその方法を用いるのかなどの数学的リテラシーの観点からの指導が授業でされているのかについての調査はない。実際の教室ではスキルの指導が中心ではないかと危惧される。このような推察から、算数科においてこそ、数学的リテラシー教育の充実は重要であると考える。小学生の時点で、算数・数学は迅速に正解を得るのが最も大切なことであり、考え方の理解や方法の妥当性を論じることは重要ではないとの刷り込みがあると、その後の数学的リテラシーの涵養も難しくなる。しかし、この点については、むしろ大学の教員養成課程において、前節で述べたような数学的リテラシーの内容が十分に学ばれていれば自然に望ましい方向へ向かうと期待したい。この意味で教員養成課程での数学的リテラシー教育は特に重要であろう。

　一方、中央教育審議会（2014）において、高等学校基礎学力テストおよび大学入学希望者学力評価テスト（仮称）の実施が答申され、2017年5月には、文部科学省から大学入学共通テスト（仮称）の実施方針案と問題例が公表された。中央教育審議会の答申では、大学教育を受けるた

第Ⅱ部　大学における数理科学教育

めに必要な能力を「知識・技能を活用して、自ら課題を発見し、その解決に向けて探求し、成果等を表現するために必要な思考力・判断力・表現力等の能力」であるとして、大学入学に際して受験するテストもこれにそって実施するとしている。これらが、どこまで実現されるのかは不明であるが、このような状況を鑑みると、「学力調査」のB問題、PISA調査の問題、中央教育審議会答申における大学教育を受けるための能力の規定などの流れから、学校教育の集大成であり、かつ、社会への橋渡しの場としての大学で展開される数学的リテラシー教育についての共通認識は比較的早く確立される可能性が高いと期待したい。また、それを実現する科目についても、各大学・学部において、設計や質保証にかんする具体的な議論が進み、すべての大学生が、数学的リテラシー教育で育まれた能力をもって社会に巣立つ日が近い将来訪れるのも夢物語ではないと信じたい。

【参考文献】

国立教育政策研究所（2005），「平成19年度全国学力・学習状況調査の調査問題・正答例・解説資料について」http://www.nier.go.jp/tyousa/tyousa.htm.

日本数学会教育委員会（2013），『第1回大学生数学基本調査報告書』http://mathsoc.jp/publication/tushin/1801/chousa-houkoku.pdf.

中央教育審議会（2014），「新しい時代にふさわしい高大接続の実現に向けた高等学校教育，大学教育，大学入学者選抜の一体的改革について（答申）」http://www.mext.go.jp/b_menu/shingi/chukyo/chukyo0/toushin/__icsFiles/afieldfile/2015/01/14/1354191.pdf.

高橋哲也（2015），「学士課程教育における数学的リテラシーの考え方について」『大学教育学会誌』第37巻 第1号（通巻第71号）pp. 39-44.

高橋哲也，宇野勝博，深堀聰子，水町龍一（2016），「数理科学分野における共通教育の質保証　－成果と課題－」『大学教育学会誌』第38巻 第1号（通巻第73号）pp. 35-41.

山田礼子（2016），「共通教育における直接評価と間接評価における相関関

係 −成果と課題−」『大学教育学会誌』第38巻 第1号（通巻第73号）pp. 42-48.

小笠原正明（2016），「共通教育とは何か？」『大学教育学会誌』第38巻 第1号（通巻第73号）pp. 53-55.

中央教育審議会（2016），「幼稚園，小学校，中学校，高等学校及び特別支援学校の学習指導要領等の改善及び必要な方策等について（答申）」.

第5章 大学における統計科学・データサイエンス教育の課題と展望

渡辺美智子

1. データ駆動型による産業基盤技術の変化

　Google が開発したコンピュータソフトのアルファ碁が囲碁の世界では最強とも言われる名人イ・セドル九段に勝利したことから、人工知能への関心が広まっています。アルファ碁以外にも、会話するロボット、自動運転車、モノとモノとをインターネットで繋ぐ IoT（Internet of Things）など、これまで SF の世界とされていたことが、急速に現実化し、私たちの暮らしや働き方に大きな変化をもたらし始めました。この背景には、機械学習（マシーンラーニング）という、状況を示す膨大なデータから次々とルールを認識し、最適な予測や判断を行う高度な統計数理モデリング技法の進歩とそれを演算可能にしているコンピュータの能力拡大があります。この技術は、既に、スパムメールの検知、クレジットカードの不正検知、数字や顔画像認識、商品の自動レコメンデーション、医療診断、信用リスク予測、自然言語処理など、ビジネスの多くの用途で応用され、その成功を要因に爆発的に普及が進み、社会実装が本格化してきていると言えます。

　このことで、現在は、18 世紀後半の工業化の黎明期を語る第 1 次産業革命（蒸気機関による自動化）、19 世紀後半の大量生産と文明化を語る第 2 次産業革命（電気による自動化）、20 世紀後半の電子化による製品・生産設備システムの進化を語る第 3 次産業革命（コンピュータによる自動化）に続く、第 4 次産業革命（データ駆動型サービスによる自動化）の時代に突入したとまで言われています。これまでの①狩猟社会、②農耕社会、③工業社会、④情報社会に続いて、平成 29 年 6 月に閣議決定された「未来投資戦略 2017」の中では、現在を IoT、ビッグデータ、

第Ⅱ部　大学における数理科学教育

AI、ロボット、シェアリングエコノミー等の第4次産業革命のイノベーションをあらゆる産業や社会生活に取り入れ、様々な社会課題を解決する、人類史上5番目のまったく新しい社会、いわゆる Society5.0 に突入しているとし、その推進を謳っています。

　Society5.0 において最も注目されているのが、「健康寿命の延伸」、「移動革命の実現」、「サプライチェーンの次世代化」、「快適なインフラ・まちづくり」、「FinTech」です。「健康寿命の延伸」では、我が国がグローバルにも突出して高齢化社会をいち早く迎えることとなる一方で、国民皆保険制度や介護保険制度の下でデータが豊富にあり、これらのデータを有効活用して健康管理と病気・介護予防、自立支援に軸足を置いた新しい健康・医療・介護システムを構築することが示され、それによって健康寿命を延伸し世界に先駆けての生涯現役社会を実現することが目指されています。また、「移動革命の実現」では、物流の人手不足や地域の高齢者の移動手段の欠如といった社会課題に対して、自動車の走行データを大量に取ることで、日本のモノづくりの強みを AI とデータ、ハードウェアのすり合わせに活かすことで解決に向かわせることや「サプライチェーンの次世代化」では、カンバン・システムなど従前から先駆的な取組に加え、豊富な工場のデータ、コンビニを中心とした流通のデータを活かすこと、そして「快適なインフラ・まちづくり」では、オリンピック関連施設の建設や老朽施設の更新、防災対策等の大きなニーズに対して、競争力のある建設機械とデータとの融合によるサービスを構築していくこと、「FinTech」においても、クレジットカードデータ利用に係る API（Application Programming Interface）連携の促進や、レシートの電子化を進めるためのフォーマットの統一化等の環境整備を通じて、消費データの更なる共有・利活用を促進することが示されています。

　上記はいずれもそれぞれの領域の情報システムが生み出すビッグデータ・オープンデータの利活用促進が基盤となり、新しい価値やサービスが次々と創出され、私たちの暮らしに豊かさがもたらされる仕組みです。図1は、平成27年4月に、経済産業省で取りまとめられたデータ駆動型

第 5 章　大学における統計科学・データサイエンス教育の課題と展望

社会実現に向けた分野別取組図です（経済産業省，2015：Cyber Physical System（CPS））。ここでは、現実社会からデータが収集・蓄積され、それらデータで表現されるサイバー空間においてデータ解析を通して得られる知見や判断ルールが再び現実社会にサービスとしてフィードバックされるサイクルが表現されています。この枠組みにおいては、如何に社会実装に向けた目的的で効果的なデータ解析やアルゴリズム開発ができるかがシステムの要となっていると言っても過言ではありません。

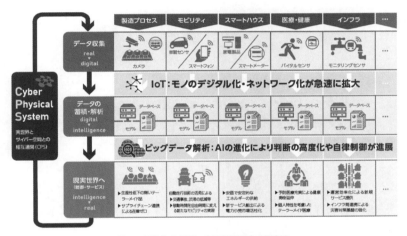

図 1　CPS によるデータ駆動型社会の概念図
出典　経済産業省産業構造審議会総会（第 16 回）資料 2
経済産業政策を検討する上での中長期的・構造的な論点と政策の方向性（議論用）
http://www.meti.go.jp/committee/summary/eic0009/pdf/016_02_00.pdf

2. データ中心による研究基盤技術の変化

ビッグデータを基盤とする変革は、産業界だけではなく、科学研究の方法論に対しても起こっています。知識・経験の蓄積を背景とした古くからの「理論科学」と「実験科学」に加えて、20 世紀の半ばにはコンピュータの発達に伴う「計算科学」が生まれました。そして現在、膨大なデータから直接、社会・自然・経済・人間行動等の法則を確立する「データ中心科学」が第 4 の科学（The Forth Paradigm）として台頭し、

医学、健康科学、生物学、物理学、地学、経営学、経済学、社会学、教育学、スポーツ科学等の多くの領域で、領域固有のビッグデータを活用した創造的研究成果が新しく生まれています（Tony Hey, 2009）。

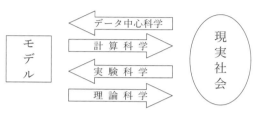

図2　科学における方法論の変遷

　筆者も、独立行政法人情報通信研究機構が助成する「ソーシャル・ビッグデータ利活用アプリケーションの研究開発」で、慶應義塾大学と株式会社タニタヘルスリンクの共同研究として採択された研究課題「ヘルスリテラシー向上のための生体ログデータ分析に基づく健康情報フィードバック」プロジェクトの中で、生体ログデータ分析班の責任者として、近年、個人で身近に使用される歩数計や活動量計から得られる大量で長期間に渡る記録データ（健康ビッグデータ）を対象に、日内×週の人間の活動パターンの類型化と体組成情報との相関を統計分析によって明らかにする研究に取り組んでいます。この成果は、"健康の品質"という概念を工学的に作り上げていく上で必要な科学的エビデンスとなります。このようなデータは、いままで計測されてこなかった全く新しい研究素材で、仮説に沿って適切に統計分析されるだけでも、漠と感じていた人間行動が多様な観点から科学的に解明され、健康社会構築の大きな一助となる材料になってきています。

3. 社会で不足する統計分析・データアナリティクス人材

　データ中心による産業および研究における基盤技術の変革が進む中で、その変革を担う人材不足は深刻であり、そのための人材育成や教育シ

ステムの構築は、各国政府の喫緊の課題です。既に 1990 年代より国際社会は、身近な具体的課題に対する問題解決をデータに基づいて主体的に、かつプロジェクトベースラーニングによって経験する方式に統計教育を改革することを、初中等教育から大学初年次段階まで体系的に進め、今日の社会全般に渡る 21 世紀型スキル育成の基盤としてきました。ICT を活用した協働的・統計的問題解決力の育成に関しては、カリキュラムや教材、教授法や評価の枠組みなどの標準化が行われ、統計分析・データアナリティクス系人材を育成し社会に輩出する教育体系を築いてきました。

その上で更に、ビッグデータ・オープンデータ時代が謳われた 2010 年以降、コンピュータサイエンスと応用統計科学を融合したデータサイエンス学部（学科）や研究科、学位の創設、初等中等教育における共通コアカリキュラムでの統計内容の強化、高校におけるデータサイエンスコースの新設など、データアナリティクス人材の質と量の双方の拡大に向けた取り組みを急ピッチで進めてきています。

一方で、従来、統計を専門とする学部や研究科を大学に有しておらず、また、統計の授業と言えば数理統計的な理論が主であった日本においては、統計分析・データアナリティクス人材の欠如は欧米・中国等の海外諸国とは比べものにならないほど大きく、産業界からも強く指摘されているところです（図 3, 図 4）。

第Ⅱ部　大学における数理科学教育

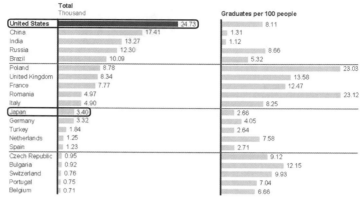

図3　統計学や機械学習に関する高等訓練の経験を有し、
データ分析に係る能力を有する大学卒業生の数

McKinsey Global Institute, 2011, *Big data:The next frontier for innovation, competition, and productivity*

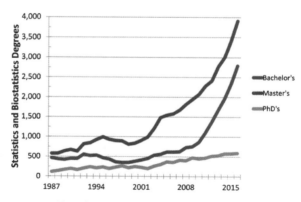

図4　米国での統計学・生物統計学学位取得数
アメリカ統計学会 AMSTATNEWS（2016年10月）の図
http://magazine.amstat.org/blog/2017/10/01/degrees16/

　この状況を受け、「科学技術イノベーション戦略」（平成27年6月閣議決定）において、「我が国は欧米等と比較し、データ分析のスキルを有する人材や統計科学を専攻する人材が極めて少なく、我が国の多くの民間企業が情報通信分野の人材不足を感じており、危機的な状況にある」

第 5 章　大学における統計科学・データサイエンス教育の課題と展望

ことが指摘され、続く「第 5 期科学技術基本計画」（平成 28 年 1 月閣議決定）において、「データ解析やプログラミング等の基本的知識を持ちつつビッグデータやＡＩ等の基盤技術を新しい課題の発見・解決に活用できる人材などの強化を図る」方針が決定されました。政府は、この方針の具体化に向けた政策を進めています。

文部科学省でも、「第 4 次産業革命に向けた人材育成総合イニシアティブ〜未来社会を創造する AI/IoT/ ビッグデータ等を牽引する人材育成総合プログラム〜」（平成 28 年 4 月）を公表し、数理・情報が第 4 次産業革命の鍵として（図 5, 図 6）、高等教育だけではなく初中等教育も含めて、「次代を拓くために必要な情報を活用して新たな価値を創造していくために必要な力や課題の発見・解決に ICT を活用できる力を発達の段階に応じて育成」することを示しました。ここで言う「数理統計」は、統計領域の中の狭義の数理統計ではなく、現実の社会課題解決に向け、コンピュータサイエンスと融合した、数理科学における広義の統計領域（データサイエンス）と考える必要があります。

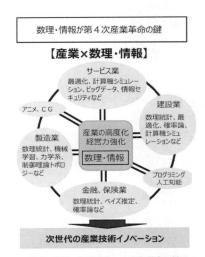

図 5　数理・情報が第 4 次産業革命の鍵
（日本経済再生本部第 26 回産業競争力会議参考資料 2 文部科学大臣提出資料より）
https://www.kantei.go.jp/jp/singi/keizaisaisei/skkkaigi/dai26/sankou2.pdf

第Ⅱ部　大学における数理科学教育

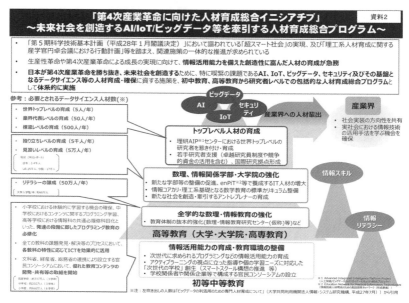

図6　第4次産業革命に向けた人材育成総合イニシアチブ
出典　日本経済再生本部第26回産業競争力会議 資料2 文部科学大学提出資料
https://www.kantei.go.jp/jp/singi/keizaisaisei/skkkaigi/dai26/siryou2.pdf

　このように現在、質と量の側面で世界レベルに相当する統計分析・データアナリティクス系人材を育成し社会に輩出していることは、大学に課せられた大きな課題となっています。

4. 統計科学・データサイエンスをリテラシーで捉える

　統計・データサイエンス教育自身は、必ずしも、先述のような大規模な社会問題の解決に向けた高度なデータアナリティクス人材の育成だけを目指すためのものではなく、基本的な日常の意思決定や判断において、データを客観的なエビデンスとして科学的な思考および統計的な思考で対峙する能力自身も指しています。これは、国民全体に涵養すべきキーコンピテンシーとしても位置づけられるものです。とくに、データに基づく科学的意思決定力の強化は、21世紀型スキル教育やグローバルリー

ダーシップ教育の中でも最重要視されている内容でもあります。

　日常を複数の具体的な現象の関わり合いとして捉え、各現象を確率的現象としてデータを対応させ、事象間の関連性の法則を数学モデルで評価するというデータ思考力を十分に鍛えておかないと、今後、私たちの身の回りで実現され、提供されてくる様々なデータ駆動・人口知能型のサービスの基本技術が、国民にとって全くのブラックボックスとなる危険性もあります。

　データサイエンス教育は国民の基本リテラシーであり、その上で、将来の専門職能の育成も見据えた教育、この双方の視点で、早急に初中等教育から高等教育・職業教育を繋ぎ、同時に大学等高等教育機関では、学部の枠を超えた現代的ナレッジスキルとして、データサイエンス教育を体系的に実現する必要があります。

5. 問題解決力育成を目指した統計教育方法論への転換

　世界の統計教育は、1992年の米国数学協会（MAA）によるカリキュラムアクションプロジェクト（Cobb, 1992）によって、統計量の計算やグラフ作成の方法を教授し単純に知識を蓄積させる教育から、統計的探究のプロセスと概念を理解し、身の回りの仕事や研究の問題解決に統計データを活用する力を育成する教育へと転換することが示されました。とくに、実践を指向する統計教育への転換は、1990年後半以降、米国では全米統計学会、全米数学協議会を中心に大きく改編が進められ、大学教育、学校教育の双方で教育の達成目標・具体的な方法論・評価の枠組みなどを示したガイドラインが積極的に公開されました。1996年、米国統計学会（ASA）と全米数学協議会（MAA）の共同カリキュラム委員会が公表した共同指針は、その後の国際的な統計教育改革の先鞭となっているものです。指針は、以下のようにまとめられています。

①次の観点での統計思考力（statistical thinking）の育成を重視する。
　a. データで考えることの必要性を教える。

第Ⅱ部　大学における数理科学教育

　　b. データが形成されるプロセスの重要性を教える。

　　c. データはばらつくこと、ばらつくデータが世の中にはたくさん
　　　あること（ばらつきの遍在性）を教える。

　　d. ばらつきの測定方法およびばらつきを不確実性のモデル化（パ
　　　ターンの捉え方）に使用することを教える。

②グラフや統計量の作成方法や計算方法および数理的導出の説明は、
　最少限に留め、ソフトウェアを活用し、データの背景の説明および
　統計的な概念や推論の意味を解説する。

③分野にかかわらず、共通の入門コース内容として以下を重視する。

　　a. 現実に似せたデータではなく、実際の生データを使う。

　　b. 因果関係と相関関係の違い、実験データと観察データの違い、
　　　時系列データとクロスセクションデータの違いなどの統計的概
　　　念を理解させる。

　　c. 計算の仕方を教えるよりも、コンピュータを使う。

　　d. 数式、公式の導出はあまり重要ではない。

　その後、2005 年には、Beyond Formula プロジェクトが開設されてお
り、そこで、定義と公式による従来の知識を教授する教育や計算練習よ
りも、統計的な考え方と方法論のより概念的理解を促し、身の回りの現
象に統計を活用する態度（コンピテンシー）の育成こそが、統計教育で
はより重要として、プロジェクトの主催で教育方法論の研究会が毎年開
催されることになりました。また、米国統計学会は、2005 年に GAISE：
Guidelines for Assessment and Instruction in Statistics Education Report を学
校教育（K-12）編と大学初年次教育編に分けて編集し、以下の 6 項目を
指導上の推奨事項として取りまとめ公表しました。

・統計リテラシーを指導し、学習者の統計的思考力を育成する。

・現実の問題に即した生のデータを使う。

・単なる知識の教授ではなく、概念の理解を強調する。

78

第 5 章　大学における統計科学・データサイエンス教育の課題と展望

・問題解決サイクルに沿った PBL を重視する。
・ソフトウェアやマルチメディアを活用し、概念の説明とデータ分析
　を指導する。
・コースの達成目標と連動する評価指標（アセスメント項目やタス
　ク）を体系的に確立する。

　このように、統計教育の方法論自身に大きな関心が寄せられたきっか
けは、1980 年代後半の日本の急激な経済発展にあります。当時の日本の
経済発展は、統計的な品質改善活動を通して高品質な製品を作り出す製
造業に支えられたことは周知の事実ですが、その改善の方法論がいわゆ
る PDCA サイクルと呼ばれる統計的問題解決のサイクルをベースにし
ていることが米国内で認識され、その後の政府レポートに始まる人材育
成の視点に立った教育の改革、統計教育の改革に繋がっています。
　日本のトヨタを始めとする企業内での問題解決型統計教育の方法（質
改善の考え方）に倣って、単に計算のやり方や手法の手順を教える統計
教育から実際の文脈に沿ってデータに基づいて問題を解決する思考力を
育成する統計教育へと、カリキュラム改革を推し進めました。1990 年代
に米国 NSF が統計教育教材開発・方法論研究に費やした研究費は、9 億
円にものぼるものでした。これは、統計的思考力を科学技術推進のエン
ジンとして、また金融・経営の改革においても、必須の力量として産業
界の後押しの中、政府がその重要性を認識していたためと考えられます。
　統計教育を統計の研究者を育てる教育から一般の人材育成で捉えた場
合、必要となる統計的概念の理解を優先し、統計量や統計グラフを個々
人が思考や判断の道具として身近な問題解決に使いこなすための実践的
スキルを教育することがより大切になります。その中で Utts（2003）は、
一般に誤解されやすい内容でかつ市民が正しく理解すべき統計分析を実
践する上でのリテラシーとして、次の 7 項目を挙げています。

　①因果に言及して良い場合と良くない場合の区別、そのための観察研

第Ⅱ部　大学における数理科学教育

究と無作為化実験の違いへの理解

②統計的に有意であることと現実の場での実用性の違い（とくに大標
本の場合）

③小標本の場合で、統計的に有意ではないときの正しい解釈

④調査におけるバイアスの問題

⑤偶然とランダムの意味

⑥条件付き確率での向きを正しく理解すること

⑦ばらつきの理解と平均値の意味の理解

このような新しい問題解決型統計教育の達成目標・ガイドライン・方
法論が明示された後、実際に統計的思考力や分析力をどうアセスメント
するのか、そのための問題開発や評価方法の研究も、米国内では盛んに
行われています。複数の大学で共通問題による試験を行い、新しい教育
法の前と後での成績の比較を通して、学生の誤解しがちな概念を確かめ
め教育方法を改良する、つまり、教育自体の方法の質の改善に対しても、
統計的な PDCA サイクルを回していると言えます。

6.　統計教育からデータサイエンス教育へ

近年、話題となっているデータサイエンスは、

①統計・数理科学

②コンピュータサイエンス

③背景となる固有領域のサイエンス

の融合領域とされています。①と③の融合では、実証分析を伴った計量
経済学、計量生物学、計量心理学、計量ファイナンス、計量文献学、計
量政治学、環境計量学、宇宙計量学など、今日の“計量”を冠する多く
の研究領域が形成されてきました。これらの領域では、従来型の実験や
調査の設計とデータの統計分析が必要です。また、②と③の融合では、

固有領域の工学的アプローチとそのソフトウェアが生成されてきました。さらに、①と②の融合で、データマネジメント（データ加工・データクリーニング）処理も含めた統計分析ソフトウェアが誕生してきました。私たちの諸分野の多くの実証分析は、統計分析ソフトウェアなくしては遂行することはできないと言っても過言ではありません。

そこに、近年の機械学習も含めた予測・推論アルゴリズムの開発と実装化が進歩し、現実社会の適用範囲を飛躍的に拡大させるという意味で③が融合し、今日のデータサイエンス領域が生み出されたと言えます。図7は、Conway（2010）に基づいてFinzer（2013）が作成したデータサイエンスの概念を定義するベン図で、上記の①～③の融合を表しています。

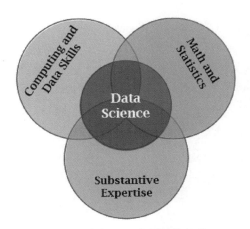

図7　データサイエンスを定義するベン図
Finzer（2013）

データサイエンススキルをまとめると、領域固有の現象の枠組みの中で、以下のステップで実現されるICTを活用したデータに基づく問題解決の一連のスキルと考えられます。

①解くべき課題をつかむ。
②関連する事象を洗い出し構造化する。

第Ⅱ部　大学における数理科学教育

③データで解ける問題に落とし込む。

④具体的な探究仮説を明確にする。

⑤統計数理モデルに基づきICTを活用し、データ分析による探究を行う。

⑥分析結果の数理的解釈を行う。

⑦もとの領域の文脈で考察し、問題解決に繋がる提案をする。

　問題解決の成否は、データ分析技術が高度であれば良いということではなく、分析の前段階である、現象への理解と仮説の形成および分析の後段階である、現象の文脈に沿った結果の解釈とそのエビデンスに基づく現象への意思決定の適切性で決まります。そのため、個人の専門知識や経験価値で対処するより、情報を他者と共有しながら議論することを通じて、多様な考えを統合し協働することで、効果的に達成されます。

　このことから、データサイエンススキルの育成に関しては、ICTのスキルや数理的・統計的分析手法などの個別の方法論の習得と並行して、科学的（数理的・統計的）および協働的作業を含めた問題解決の一連のプロセスへの理解を経験的に積上げることが重要で、学生自らが主体的に取組むグループでの探究活動を行うアクティブ・ラーニングの機会を発達段階に応じて繰り返し設ける必要があります。現在、OECDは21世紀型スキルとして、ICTを活用した協働的・科学的問題解決力の育成を重視していますが、データサイエンススキルは、そのための主要なキーコンピテンシーとなっているのです。

7.　アクティブラーニング：教えてもらうから協同的学び合いへ

　従来の教育スタイルは、専門分野に繋がる知識や技術（ハードスキル）を教員が学生に教授する、所謂、"教え"に重点が置かれていました。しかし、学生中心主義が謳われた1990年以降の高等教育改革においては、学生が学んだ知識やスキルを統合化して実践に活かす力を身に付けさせる教育・学習スタイルが指向されています。そのため、課題の

第5章　大学における統計科学・データサイエンス教育の課題と展望

発見から問題の解決や新しい提案に至るまで、チームで"学び合う"思考法や行動特性（ソフトスキル）を身近な問題解決活動を通して育成する方式への転換が進められてきました。

　教育におけるハードスキルからソフトスキル重視への転換、また、"教えてもらう"から"自ら協同的に学び合う"への転換は、アクティブラーニングとして国際的に広がっており、同様な教育改革を謳ったレポートが、1992年にオーストラリアでは"Achieving Quality"として、1997年にイギリスではデアリングレポートとして公開されています。その模範となったのが米国のスキャンズレポート（1992）で、その中で提唱されたスキャンズ型スキルがその後、マイクロソフトやインテル、米通信機器大手のシスコシステムズと世界の教育学者や教育政策決定者から構成される ATC21s（Assessment and Teaching of 21st Century Skills）プロジェクトによって、グローバル社会を生き抜くために必要とされる能力：21世紀型スキルとして再構築されました。

　21世紀型スキルの4カテゴリは、①思考の方法（創造性と革新性、批判的思考・問題解決・意思決定、学習能力等）、②仕事の方法（コミュニケーション、コラボレーション（チームワーク））、③学習ツール（情報リテラシー、情報コミュニケーション技術（ICT）、）④社会生活（社会的責任と多様な文化的差異の認識および受容能力）となっていますが、その中核は、集団での学習力（学び合う力）、課題発見力、問題解決力です。そして、その力（コンピテンシー）は小集団での問題解決型プロジェクト学習の経験を積むことで、培われるとされています。図8は、2006年 F21米国 National Assembly で示された21世紀型学習スタイルへの変遷図です。

第Ⅱ部　大学における数理科学教育

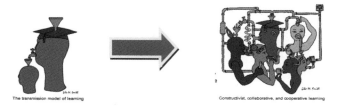

http://www.pkal.org/collections/HPL.cfm

> *Tell me* and I will **forget**;　　*Show me* and I may **remember**;
> *Involve me* and I will **understand**.

図8　21世紀型学習スタイルへの変遷図
(http://www.pkal.org/collections/HPL.cfm に掲載されている図を用いて著者が改変した)

　図8の下の囲み部分は、教育方法論の改革でよく引用される孔子（B.C. 450）の言葉ですが、アメリカ国立訓練研究所（National Training Laboratories）の研究「ラーニングピラミッド（Learning Pyramid）」でも、学習定着率は、講義（Lecture）が5％、資料や書籍を読むこと（Reading）が10%、視聴覚（Audiovisual）が20％、実演によるデモンストレーション（Demonstration）が30％、グループディスカッション（Discussion Group）が50%、実践による経験・体験・練習（Practice Doing）が75％、誰かに教えること（Teaching Others）が90％と、自ら他者と主体的に関わることになるほど学習定着率が高い＝教育効果が高いと言える研究結果が出ています（Kare, 2012）。

　より実践的なスキルである問題解決型統計教育・データサイエンス教育においては、とくにアクティブラーニングのスタイルをとった実課題におけるプロジェクト型学習が必須とされています。

8. 高大接続によるデータサイエンスカリキュラム

　米国や中国では、学部や研究科の新設によるデータサイエンス教育を急拡大させ、カリキュラムと教育方法の変革を積極的に進めています。米国統計学会が現在公表している学部レベルにおける統計科学教育のガ

イドラインにおいても、データサイエンスの内容をより含めるべきであると勧告していますが、育成すべきコアコンピテンシーをデータに基づく思考力（Think with Data）および現実の課題を統計的な仮説におとし、統計的に仮説の検証ができる統計的探究力（Pose and Answer, Statistical Questions）、身に着けるべきコアスキルを

　①統計手法の理論
　②データハンドリング・データマネジメント
　③計算・コンピュータアナリティクス技術
　④数学基礎
　⑤統計分析の実践・演習

とし、とくに、データサイエンスの内容の拡大として、R などの統計ソフトスキル、データハンドリングスキル、データベースやプログラムスキル、問題解決スキル、現実の複雑なデータを扱う経験、データ取得のための調査／実験のデザイン、予測モデル構築と要因分析のスキル、デザイン・交絡・バイアス調整の知識、統計コンサルティングとビジュアリゼーションスキルを含めてきています。

　上記のデータサイエンス教育への傾倒は、高等学校から接続して行われており、米国ロサンゼルス市統合教育区教育委員会（LAUSD）が全米科学財団（NSF）の助成を得て、12.3 百万ドルでカリフォルニア大学ロサンゼルス校（UCLA）と共同開発したデータサイエンス入門コース（IDS）が高等学校での授業に活用されています。このコースは、2011年、初中等教育において統計内容が大幅に強化された数学全米共通コアカリキュラム（CCSSM）および全米学術研究協議会（NRC）による次世代科学教育スタンダード（NGSS）に沿い、実社会の現象理解を目的に、実際のデータ取得、統計分析を行う計算コード（ソフト）、データ可視化ツールも含めて提供し、よりダイナミックな計算機ベースの統計学と確率を扱う内容で構成されています。具体的には、

第Ⅱ部　大学における数理科学教育

□データの構造とタイプ、表現と共有手段

□ Computational thinking（the problem-solving, logical thinking at the heart of CS）

□ データ探究サイクル・分析アルゴリズム（the rules governing data collection and strategies for analysis）

□　Problem-solving skills, Innovation, inventiveness, and interdisciplinary collaboration

等の実践力を①データの解釈；グラフによる要約、シミュレーションと推測（基本グラフ、並列箱ひげ図、散布図）、統計モデル（線形、k-means、平滑化、学習・決定木）、②統計的推測（推定と検定）と判断の妥当性；データソース、ランダムサンプリング、ランダム割り付け/A/B テスト、シミュレーションによる推測、データ取得の実践、③確率；Computers and randomness（Web services、乱数）、統計的確率、確率計算）、④ R-Studio による演算；ベクトル、アルゴリズム、関数、モデルとデータの適合性評価、高次元データの可視化等の内容を踏まえ、プロジェクトベース型のアクティブラーニングで身に着けていきます（Mobilize, 2016）。

9.　今後に向けて

　冒頭で示したように、今後も実世界のデジタル化とそれに伴うデータ流通は急速に進んでいくと思われます。その中で、データの処理と解析結果を実世界へフィードバックする能力を有する人材育成を如何に図るのか、統計科学・データサイエンス教育内容の充実は、大学教育に限らず初中等から高等教育そして社会人のリカレント教育にまで及ぶ日本の教育全般の喫緊の課題です。

　Glassdoor（2016）が発表した米国の the 25 Best Jobs in America for 2016 の第 1 位は、「データサイエンティスト」です。日本においても、現在、データサイエンス学部や学科、副専攻やコースの設置などが急速に大学

第5章　大学における統計科学・データサイエンス教育の課題と展望

で進められていますが、リテラシーの醸成と実践的コンピテンシーおよび思考力育成の観点に鑑み、従来の知識供与型に留まらない教育方法・学習スタイルの変換が強く望まれているところです。

【参考文献】

American Statistical Association Undergraduate Guidelines Workgroup (2014). Curriculum Guidelines for Undergraduate Programs in Statistical Science, (https://www.amstat.org/asa/files/pdfs/EDU-guidelines2014-11-15.pdf).

Chamberlain, Andrew (2016). These are the 25 Best Jobs in America for 2016, *Glassdoor*, Jan 19, 2016,
(https://www.glassdoor.com/research/best-jobs-2016/).

Cobb, George (1992). Teaching statistics, Steen, Lynn A. (Ed.) *Heeding the Call for Change: Suggestions for Curricular Action*, pp. 3-43, The Mathematical Association of America.

Conway, Drew (2010). The data science venn diagram. *Dataists*. Retrieved February 9, 2012,
(http://www.dataists.com/2010/09/the-data-science-venn-diagram/).

Finzer, William (2013). The data science education dilemma. *Technology Innovations in Statistics Education* Vol. 7.

Hey, Tony, Tansley, Stewart and Tolle, Kristin (2009). *The Fourth Paradigm: Data-Intensive Scientific Discovery*, Microsoft Publisher.

Letrud, Kåre (2012). A Rebuttal of NTL Institute's Learning Ryremid. *Education*, Vol. 133.

Mobilize (2016). Introduction to Data Science Curriculum, *IDS*,
(http://www.mobilizingcs.org/introduction-to-data-science).

産業構造審議会商務流通情報分科会情報経済章委員会（2015）.「中間とりまとめ 〜 CPS によるデータ駆動型社会の到来を見据えた変革〜」

Utts, Jessica (2003). What Educated Citizens Should Know About Statistics and Probabability. *The American Statistician*, Vol. 57, No. 2, pp. 74-79.

※この章は、「情報教育資料 じっきょう」No. 43, pp. 1-5 に掲載された巻頭に加筆・修正したものである。

第6章　滋賀大学データサイエンス学部の試み

佐和　隆光

1.　いわゆる「6.8 文科大臣通知」の衝撃

　本日は、滋賀大学がデータサイエンス学部の新設に至った経緯について
お話しさせていただきます。

　2015 年 6 月 8 日付け「文部科学大臣通知」が 86 の国立大学長宛に届
きました。国立大学の改革に関わる様々なことが書かれていたのですが。
その中で衆目の的となったのは、「教員養成系学部・大学院及び人文社
会系学部・大学院については、組織の廃止またはより社会的要請の高い
領域への転換を促す」との文言でした。もちろん、私どもといたしまし
ては想定内の通知であり、「いよいよ来たか」というのが率直な印象で
した。2013 年 11 月に「国立大学改革プラン」を文科省が発表しました
が、その中に、それらしきことが書いてあったからです。ですから、こ
れは想定内の通知であり、第 3 期（2017 〜 22 年度）中期目標・計画の
案文にも織り込み済みでありました。

　私は、社会科学者の悪癖を発揮して、ここに来て、大学行政が文系軽
視・理系偏重に急激に傾くのはなぜなのかについて思案いたしました。
大学行政の急変を誘導しているのは、当時の安倍政権下で最も影響力の
あった産業競争力会議に違いあるまいと推測いたしました。もちろん文
科省のお役人は、産業競争力会議が文科行政を主導しているなどとは口
が裂けても言えません。

　産業競争力会議のワーキンググループの一つに「新陳代謝・イノベー
ション WG」があります。この WG を主査は橋本和仁東京大学工学部
教授（当時）が務めておられました。議事録を拝読すると、橋本先生が
完ぺきに議論をリードしていらっしゃるようでして、要するに、日本の

第Ⅱ部　大学における数理科学教育

産業競争力が近年とみに低下しているとの現状認識から出発して、その原因をイノベーションの停滞に求めるのです。そもそもイノベーションの担い手は誰なのか。それは国立大学の教員及びそこで養成される研究者のはずである。つまり、国立大学がイノベーションの担い手の機能を果たしていないからこそ、日本の産業競争力が低下しているのだというわけです。

　そこで、いの一番になすべきなのは国立大学の抜本的改革である。研究業績を処遇に反映させるために、従来の年功序列の給与体系を改め、年俸制が導入されました。文科省は、各大学に一定比率以上の教員を年俸制に移行することを義務付けました。結果として何が起きたのかというと、新しく採用される若手教員と、60歳を超えた定年間近の教員の給与を年俸制にするということで、折り合いをつけました。業績を反映させることは、ほとんど手付かずのまま、数合わせだけで、各大学は年俸制導入に対処したのです。高等教育に割かれる予算の対国内総生産（GDP）比率は、OECD諸国の中で日本は最下位です。予算制約の下で、イノベーションを活性化させるには、無用の人社系学部を縮小するしかない。こうした産業競争力会議の意見を踏まえて、6.8 文科大臣通知が国立大学長宛てに発信されたのです。

　つまり、日本の産業競争力の再興を図るには、イノベーションが不可欠である。イノベーションの担い手である国立大学の改革が急務である。イノベーションと無縁な人社系学部・大学院の廃止・転換が国立大学改革の目玉の一つだというわけです。

　他方、私立大学の学生・大学院生の50％以上が人社系の学部に所属しています。少子化のもと、私立大学の40％以上が定員割れの状況にあるそうですから、国立大学の人社系学部の廃止・縮小を私立大学は大歓迎するに違いありません。

2.　文系軽視・理系偏重は日本の大学行政の悪しき伝統

　産業競争力会議とは一体何なのかといいますと、2012 年 12 月に安倍

第6章　滋賀大学データサイエンス学部の試み

内閣が発足して間もなくの2013年1月に開設された首相の諮問機関であり、安倍総理を議長とし、閣僚9名、経済界の議員7名、学者議員2名から成る安倍政権下で最強の諮問会議なのです。国立大学改革については、当然のことながら、学者議員が議論を主導します。

　国立大学が法人化される前年2003年4月に、衆議院の文部科学委員会の参考人として、私は意見陳述の機会を得ました。法人化すること自体に、私は必ずしも反対ではありませんでした。しかしながら、各大学法人が中期目標・中期計画を6年ごとに文科相に提出し、翌年度から始まる6年間の中期のうちに、目標と計画の達成度に応じて、次の中期の予算にメリハリをつける、という計画経済的手法は如何なものか、と意見を述べました。まるで国立大学法人のソビエト化ではないかとの懸念を述べたのです。

　その後、13年を経たわけですが、国立大学の教育・研究は改善されたのかというと、世界大学ランキングでの日本の国立大学の順位は低落の傾向にあります。旧ソビエト連邦や東欧諸国の社会主義計画経済が失敗に終わったのと同じく、日本の国立大学の法人化も、研究実績という面での劣化を招いたと言わざるを得ません。

　ところで、文系軽視・理系偏重は日本の大学行政の宿痾のようなものなのです。過去の事例を紹介いたしますと、昭和18年9月に、昭和の初めに施行された兵役法は「中学校以上の学校に在籍する26歳未満の学生の徴兵を猶予する」と定めていました。日中戦争から、欧州列強を敵に回しての東アジア諸国の侵略、真珠湾攻撃による日米開戦といった具合に戦線は拡大し、兵力が不足するようになりました。そこで政府は兵役法を改正し、「高等教育機関の文科系（農学部の農業経済学科を含む）の学生の徴兵猶予を解除する」ことといたしました。その結果、昭和18年10月に学徒出陣が始まったのです。旧制高校の文系、高等商業学校、大学の文系学部に進学するのは兵役に志願するのと同じことですから、当然のことながら、志願者は激減しました。私が2016年3月まで学長を務めておりました滋賀大学の前身である彦根高等商業学校は、こ

91

第Ⅱ部　大学における数理科学教育

の煽りを受けて、昭和19年4月から彦根高等工業学校へ変身というか変装いたしました。わずか2年後の敗戦を経たのちには、すぐさま彦根経済専門学校へと逆戻りしたわけですから。

　戦後の高度成長期にも、岸内閣の松田竹千代文部大臣が「国立大学は法文系学部を廃止して、理系学部のみとし、法文系の教育は私立大学に委ねるべきである」いう趣旨の発言をして物議を醸したことがあります。文部大臣発言の背景には次の二つのことがありました。一つは、高度成長期が始まって、理工系の振興が謳われるようになったこと。もう一つは、60年安保闘争の闘士たちのほとんどが法文系の学生だったことです。安保闘争が集結した直後に岸信介内閣は総辞職し、池田勇人内閣が発足しました。池田内閣の金看板である「所得倍増計画」（1960年12月）は、理工系学部の振興を声高らかに宣言し、理工系学部の学生数を17万人増やす計画を打ち出しました。京都大学工学部の膨張ぶりは群を抜いており、今以て、京大の新入生の3分の1が工学部生といった有り様です。皆様方は、京大は文学部や理学部が中心の「虚学の殿堂」と思われているかも知れませんが、実情は、むしろ「実学の殿堂」に他ならないのです。

3.　全体主義国家の必要十分条件は理系偏重

　ソニーの創業者である井深大さんが「さほど遠くない将来、企業経営者はむろんのこと、官庁の幹部職員、国会議員のほとんどを理工系学部出身者が占めるようなるだろう」とお話になったりもされました。井深さんの予言は、少なくとも日本では当たりませんでした。中央官庁の幹部職員には相変わらず文系出身者が多いし、企業経営者（大企業の社長）は文理ほぼ拮抗といったところでしょうか。国会議員に文系出身者が多いのは、私立大学の文系学部出身の2世議員が多いからであって、上院議員、知事、大統領職には弁護士出身者が適任とされるアメリカとは事情を異にします。官庁の幹部職員や企業経営者に文系学部出身者が多いのは、日本が民主主義国家だったからというのが私の思うところです。

第6章　滋賀大学データサイエンス学部の試み

　私がなぜそう思うのかは、井深さんの予想が当たったのは中国と旧ソ連だったからです。中国の国家主席は、江沢民、胡錦濤、習近平と3代続きで名門大学の理工系学部出身者です。ナンバー2の首相も現職の李克強首相が北京大学法学部出身で経済学の博士号を持っていますが、彼は例外的であり、近年の首相の全員が工学部出身です。詳細は省略いたしますが、旧ソ連の最高指導者も、最後のゴルバチョフがモスクワ大学法学部出身だったのを除けば、レーニンとスターリンは別として、それ以降の最高指導者はおしなべて大学工学部出身者か技術系労働者出身者です。「全体主義国家は必ず人文知を排斥する。人文知を排斥する国は必ず全体主義国家になる」という命題は、ほぼ普遍的に正しいと私は考えています。

4. 某経営コンサルタントの暴言

　経営コンサルタントの冨山和彦さんは、文科省の有識者会議で次のような趣旨のことを仰っています。大学を、グローバル人材を育成するごく少数のG型大学と、ローカル人材を育成するその他大勢のL型大学に二分すべきである。L型大学は職業訓練学校にすべきである。学問よりも実践力を教えることに特化してもらいたい。文学部では、シェイクスピア文学ではなく通訳英語を、経済・経営学部では、マイケル・ポーターの戦略論やサミュエルソンの経済学ではなく、簿記・会計、弥生会計ソフトの使い方を、法学部では、憲法や刑法ではなく、道路交通法、宅建法、大型特殊第二種免許取得に必要な運転技術（なぜ第二種免許が法学部生に必要なのかよく分かりませんが）を教えるべきである。工学部では、機械力学・流体力学の代わりに、トヨタ方式の最新鋭工作機械の使い方を教えなさいと（2014年10月7日開催の文科省有識者会議のパワーポイント資料をご覧いただきたい）。

　旧7帝大、東工大、慶応大、早稲田大以外の大学をすべてL型大学にすべきであると雑誌論文に書いてらっしゃいます。G型とL型には上下関係はない、と。アメリカの大学院のアカデミックスクールとプロ

93

第Ⅱ部　大学における数理科学教育

フェッショナルスクールには上下関係がないのと同じだ、と。これは根本的な誤りです。

　冨山さんはスタンフォード大学のビジネススクールに留学しておられたのですが、確かに、大学院レベルでアカデミックスクールとプロフェッショナルスクールに分かれるのですが、学士課程の4年間はリベラルアーツと専門基礎の学習に費やされます。特定の学部に入学するのではなく、自主的に主専攻と副専攻を選んで、4年間かけて、自身の能力、適性、選好などを見極めた上で、将来の職業に直結する大学院に進学するのです。研究者を志す者はアカデミックスクールに進学し、弁護士、医師、エンジニア、ビジネスマンなどを志す者はプロフェッショナルスクールに進学するのです。二つのスクールの間に上下関係など、あるはずがありませんし、同じ大学の中に、二つのスクールが共存していることを強調して、冨山さんへの異論を呈しておきたいと考えます。

　大学をG型とL型に分けるというのではなく、同じ大学の中に、大学院レベルで、アカデミックスクールとプロフェッショナルスクールを共存させる。学士課程では、将来の職業に直結しないリベラルアーツと専門基礎を幅広く学ぶ。それが理想の大学改革だと私は考えます。

　日本には専門学校が多数あります。専門学校はズバリ職業訓練を旨とする学校です。職業訓練を主とするL型大学なるものを、冨山さんの提案を受けて、文科省が実際に設けるとするならば、専門学校とL型大学は似て非なるもの。専門学校はL型短期大学への昇格を求めることになるでしょう。世界の「常識」に反する大学を、この国にだけ作っていいのでしょうか。

5.　新学部創設は資源の再配分

　前置きが長くなりましたが、国立大学法人滋賀大学は、1949年度の学制改革によって彦根高等商業学校（当時の校名は彦根経済専門学校に変わっていた）と滋賀師範学校が合併してでき上がった、教育学部と経済学部の2学部から成る新制大学です。創設以来、1学部の増設もなく、2

学部体制を 70 年近く維持し続けた稀有な大学なのです。

2010 年度から、私が滋賀大学長を務めることになったのですが、2014 年度に入って間もなく、新学部創設の検討を開始いたしました。折しも学術会議が、北川源四郎先生を座長とする委員会の報告書「ビッグデータ時代に対応する人材の育成」が公になりました。私自身、若い頃、統計学を専門にしていたせいもあって、この報告書に触発され、「そうだ、データサイエンス学部の創設こそが、今の滋賀大学にとって最も相応しい」と判断いたしました。

新学部創設の条件としては、第一に、シーズと呼ぶに値するものが学内に存在している必要がある。つまり、何もないところに突然データサイエンス学部をというわけにはゆかない。幸いなことに、経済学部の中に情報管理学科があった。これぞまさしくシーズと言うに相応しい。学内の複数個の学部が「資源」（学生と教員ポスト）を供出して新学部を作るのが望ましい、言い換えれば、一つの学部を二つに割ってA学部とB学部にするというのはまかりならぬと言うのが、文科省のご意見でした。文科省の要請に応えるべく、経済学部から学生を 90 名、教育学部から学生を 10 名、それぞれ新学部に供出してもらうことになりました。データサイエンス学部の学生定員は 1 学年 100 名となったわけです。教員ポストは 16 を目途とし、経済学部から 14 ポスト、教育学部から 2 ポストを供出していただく事になりました。

経済学部の情報管理学科の教員が 5 名移籍する事になりましたから、空きポストは 9、15 年 4 月から数理統計学の権威として著名な竹村彰通東大教授に、クロスアポイントメントで滋賀大学教授を兼任してもうことが決まりました。14 年 3 月に、文科省高等教育局から、15 年度末までに設置申請書を出すよう勧められたのを受け、15 年度は申請書づくりに大わらわでした。最も重要なのは教員人事です。まず、人事の目玉を獲得することに成功したのです。そんな次第で、2017 年 4 月にデータサイエンス学部が発足する運びとなったのです。

2014 年の 9 月に始まったデータサイエンス学部創設は、実に皮肉な

第Ⅱ部　大学における数理科学教育

ことに、先にお示しした 6.8 文科大臣通知の言う「より社会的要請の高い領域への転換」にピタリと当てはまる結果となりました。念のために断っておきますが、私は、歴史、哲学、文学などの人文知、批判精神を培う社会科学知を疎かにすべきではないと主張していますが、だからと言って、データサイエンスのような「より社会的要請の高い」領域への転換を否定しているわけではありません。

6.　大学受験制度改革が日本の産業競争力を弱体化させた

　話は大学受験に関わるのですが、1979 年に共通一次試験が導入されました。センター試験の前身です。共通一次試験が導入されるまでは、国公立大学は 5 教科 7 科目の入試を課していました。文系であれ理系であれ、社会 2 科目理科 2 科目が必須だったのです。1960 年までは、文系と理系の間に入学試験の科目に差異がなかったのです。文学部の受験生に対しても数Ⅲが課されていました。工学部の受験生に対しても古文・漢文が課されていました。1961 年度からは、文系の数学から数Ⅲが省かれ、理系の国語から漢文が省かれました。

　共通一次試験が導入されて以降、国立大学の個別入試は様変わりを遂げました。理系学部は英語、数学、理科のみ（東大と京大のみが国語を課す）となり、文系学部は英語、国語、社会（数Ⅱ B を課す大学が少なくない）のみになったのです。日本のエレクトロニクス産業が不振をかこつ一因は、大学受験制度の改悪の積み重ねのせいだったのではないでしょうか。

　スティーブ・ジョブズが 2011 年 3 月の iPad2 発表会での講演を、次のようなメッセージで締めくくりました。「iPad2 のような心を高鳴らせる製品を開発するには、技術だけではダメなんだよ。必要なのは、リベラルアーツ、とりわけ人文知と結びついた技術なんだ」と。確かに、どういう機能を備えればいいのか、どんなデザインが好まれるのか、人間との調和等々、売れる製品を開発するには、技術と人文知の融合が必要なのです。実際、ジョブズ自身、東洋思想や東洋の芸術、文化、仏教など

第6章　滋賀大学データサイエンス学部の試み

に関する該博な知識と感受性の持ち主でした。

7.　なぜ日本に統計学部・学科がなかったのか

なぜこれまで日本に統計学部、学科、大学院の研究科、専攻がなかったのかについての私見を披露させていただきます。日本の旧帝国大学の統計学講座は、マルクス経済学が支配的な経済学部内に設けられていました。経済学部は大正時代に入ってから法科大学から分離する形で出来上がったのですが、古くは、統計学講座は法科大学に設けられていたのです。統計学を英語で statistics と言いますが、国家（state）の「勢い」を数字で明らかにする国勢学というのが、統計学のもともとの意味なのです。国勢学という意味での統計学が幅を利かせていたのはドイツでのことです。明治維新後の日本政府は若い研究者を主としてドイツに派遣して、ドイツの大学制度を学ばせました。そのことが、統計学講座が、法科大学から経済学部へと囲い込まれる結果を招いたのです。

ちなみに、昭和に入ってからの東京帝国大学の統計学教授は、傾斜生産方式という政府主導の戦後復興の青写真を描かれた有沢広巳先生、京都帝国大学の統計学教授は、戦後、28 年間、京都府知事を務められた蜷川虎三先生でした。ご両人とも、マルクス経済学者であり、1931 年に結成された日本統計学会は、良きにつけ悪しきにつけ、反体制色を鮮明とするマルクス経済学者の集団でした。

第二次大戦後のソ連で統計学論争が闘わされました。一言で言うと、統計学は実体科学なのか方法科学なのかを巡る論争です。もう少し詳しく言うと、経済・社会統計を対象とする実体科学なのか、諸科学において幅広く用いられる方法科学なのかという論争です。結局、実体科学派が勝利し、それが日本のマルクス経済学者にも影響を与え、統計学会はマルクス経済学者の独壇場となったのです。

8.　1960 年代に入ってから推測統計学者も日本統計学会に加入

一方、北川敏男先生や増山元三郎先生らが、イギリスを中心に展開さ

第II部　大学における数理科学教育

れていた推測統計学を独習され、1941年に統計科学研究会を創立なされました。その目的が何だったのかは定かではありませんが、終戦間近の1944年に、推測統計学者や数学者から成る統計数理研究所が創設されました。日本統計学会と統計科学研究会は、ほとんど没交渉だったと推察致します。

　1960年代に入ると、経済学部の統計学者のマルクス離れが始まりました。経済理論の実証分析の手法としての計量経済学への関心が高まり、統計学者の多くが計量経済学者に転じました。もともと計量経済学は、第二次大戦後に、戦時科学動員されていたアメリカの数理統計学者たちが、シカゴ大学に設けられたコールズ委員会（Cowles Commission）に暫定的に集まり、極めて短期間のうちに、経済モデルの統計的推測方法を体系化して出来上がったものなのです。したがって、計量経済学は推測統計学と強い親和性を有していました。

　こうした経済学部の中での統計学の変化を反映して、数理（推測）統計学者が日本統計学会に加入し、軒を貸した積もりが母屋を取られてしまったマルクス主義統計学者は、会員数が250人弱の経済統計学会を1985年に設立いたしました。

9.　欧米の統計学事情

　欧米の事情を少し見ておきましょう。統計学者の職能集団としてのロンドン統計学会が設立されたのは1834年のことです。『人口論』の著者ロバート・マルサスとか、天文学者であると同時に「近代統計学の父」とも称されるアドルフ・ケトレーらの錚々たるメンバーに加え、変わり種として、フローレンス・ナイチンゲールなどがロンドン統計学会の会員名簿に名を連ねています。意外なことに、ナイチンゲールもまた、自他ともに許す統計学者だったのです。1887年には、Royal Statistical Societyすなわち「王立」の称号を得て、当時としては数少ない権威ある学会になったのです。

　イギリスでも統計学は社会・経済統計を対象とする実体科学とされて

おり、カール・ピアソンや R. A. フィッシャーら、いわゆる推測統計学の先駆者たちは、University College of London の統計学ではなく優生学の教授だったのです。推測統計学は、主として生物学の方法科学として発展いたしました。その後、イギリスでは統計学会がマルクス経済学者たちにより占拠されてはいなかったため、Royal Statistical Society への参入障壁は無きに等しく、数理（推測）統計学者も権威ある王立統計学会にどんどん参入するようになりました。

　ドイツでは、社会統計学の伝統が根強く、数理統計学者と社会統計学者の交わりは今もってなさそうです。アメリカ統計学会は 1939 年に創設されました。もともとアメリカの統計学者は、イギリスの推測統計学を学んだものがほとんどであり、ドイツの国勢学の影響を受けた社会統計学者はほとんどいないに等しかったのです。

10.　ビッグデータ時代の到来

　最近、マスメディアが「ビッグデータ時代の到来」を取り沙汰いたしております。情報通信技術（ICT）の飛躍的進歩・普及のおかげで、ビッグデータが至る所に実在するようになりました。ほとんどのビッグデータが人間行動の結果を記録するものです。POS（販売時点情報管理）データ、アマゾンや楽天など通販会社の購買履歴データ、スイカやイコカに記録される移動データ等々、ICT の端末機を利用して、目的なしに（あるいは処理能力なしに）収集されたビッグデータが、至る所に存在します。コンビニやスーパーの POS データを気象データとうまく組み合わせれば、腐らす弁当の数を最小化できるはずです。

　統計学が対象としてきたデータは、諸科学の仮説検定・モデル推定のために、科学者が実験・観察して収集したデータです。薬の治験を例にとると、患者を 2 つのグループに分けて、一方には治験の対象となる新薬を投与し、他方には偽薬（プラシーボ）を投与して、効果に有意差があるかどうかを統計的に検定する。つまり、治験という目的のためにデータを収集するわけです。

第Ⅱ部　大学における数理科学教育

　ところが、ICT の進歩のおかげで、意図せずに収集されたビッグデータが存在するようになった。当然のことながら、すべてのビッグデータには、価値ある情報が潜んでいます。そうした情報を「見える化」させるのがデータサイエンティストの役割なのです。さらに、見える化された情報を活用して、何らかの価値創造ができてはじめて、一人前のデータサイエンティストを自称することができるのです。かつてソ連で、統計学は「実体科学か方法科学か」という統計学論争があったことは、先に紹介した通りですが、これまでの統計学は方法科学の域を出なかったと言っても過言ではありません。しかし、今や統計学は、ビッグデータという客観的事象を対象とする実体科学としての市民権を得たのではないでしょうか。言い換えれば、統計学がデータサイエンスに進化したのではないでしょうか。

11. アメリカのデータサイエンティストは屈指の高級取り

　こうした科学としての統計学の変化を如実に物語る現象が、2010 年以降のアメリカで起きています。統計学を主専攻（メジャー）とするアンダーグラジュエートの学生が急増しているのです。50 人未満から 200 人超にまで増えた大学が多いそうです。理由は単純です。データサイエンティストへの需要が激増しているからです。統計学の修士号、博士号を取得すれば、高給で遇してくれる職場が掃いて捨てるほどあるそうです。アメリカの大学や企業の初任給には、需給を反映して、大差が生じます。少なくとも昨今では、統計学の博士・修士・学士への受給ギャップが大きく、統計学の学位取得者は 1、2 を争う高給取りなのです。

　これは私の偏見かも知れませんが、統計ないし統計学という言葉のイメージは必ずしもよろしくない。統計という言葉には「うんざりする」とのイメージが付きまとうでしょうし、統計学という名称にも新味が感じられません。

　そこで、敢えて新学部の名称をデータサイエンス学部にしたのです。データサイエンスという名称は魅力的であり新味に富む、と少なくとも

第6章　滋賀大学データサイエンス学部の試み

私は考えています。データサイエンティストとは、統計学と情報学の学識をバランスよく備え、多岐多様な応用領域の専門家とのコミュニケーション能力を備えた人材を意味します。逆 π 型人材の養成という言い方があります。π の横棒が意味する統計学と情報学を大学4年間で徹底的に叩き込み、同時に、金融、マーケティング、医療、都市・交通、気象、バイオインフォーマティクスなどの領域科学の基礎的知識を身につけさせ、π を逆さまにすれば、横棒の上に2本の縦棒がありますが、それぞれが応用領域なのです。得意とする応用領域を少なくとも2つは持ってもらいたい。1年生の時から、各種領域科学に関わるデータ解析と価値創造を体験させる積もりです。

　数年前に NHK スペシャルで「アメリカのデータサイエンティスト」を紹介していましたが、スタンフォード大学の附属病院で勤務する女性のデータサイエンティストが取材に答えて、「私は3カ月前までウォール街にいました」と言っていたのが印象的でした。まさしく逆 π 型の人材そのものです。

12.　データリテラシーを練磨しよう

　文科省の言う「真の学力」の一つである思考力、判断力、表現力を涵養するためには、日英の読解力、数学的リテラシー、論理的思考力に加えて、データリテラシーが必要なのではないでしょうか。自説を表現する際には、データを上手く使えば、説得力はいやが上にも増しますし、データ処理が、適切な判断を下す援けとなります。その意味で、プロのデータサイエンティストにならない人も、データサイエンスの基礎を教養科目として学修する必要があります。

　思考力・判断力・表現力を身に付けることが、専門分野にかかわらず、これからの大学生に求められています。日本の産業競争力を強化するためには、大学生は上記3つの力を練磨しなければなりません。データサイエンスを教養科目として履修する機会を提供することが、すべての大学に求められているのです。滋賀大学データサイエンス学部に倣って、

第Ⅱ部　大学における数理科学教育

他の国公私立大学が同じような学部・大学院を新設することを祈念して、
私の講演を締めくくらせていただきます。

第7章　教養教育における数理科学教育の試み

高橋　哲也

　数理科学という単語は大学以外ではあまり使われていない。なぜ、「数学教育」ではなく「数理科学教育」と書かなくてはいけないかという点に実は重要な論点が含まれている。日本学術会議数理科学委員会数理科学分野の参照基準検討分科会が 2013 年に出した『報告　大学教育の分野別質保証のための教育課程編成上の参照基準　数理科学分野』において、数理科学を「数学を中心とし、数学から生まれた統計学や応用数理などの分野と、数学教育や数学史など数学と他の学問分野との境界分野を合わせた学問分野」と定義し、「これからの時代の市民にとって、数理科学的な事象の把握・処理の能力は欠かせない。市民が正しい判断を行うためには、データに基づき物事を量的に把握することが必要不可欠であるが、そのような能力の涵養において、数理科学教育（算数・数学教育）が果たす役割は大きい」と書かれている。初中等教育での算数・数学教育が高等教育段階で数理科学教育と書き換えられているのは、統計学・応用数理の（純粋）数学以外の分野の教育が十分行われてこなかったことを反映していると考えられる。しかし、現状では数理科学分野の研究者の育成が純粋数学に偏っていることと高大接続での入試が（純粋）数学の問題しか出題されてこなかったことから、大学での数理科学教育は教員・学生の意識の面からも大きな課題を抱えている。一言で言えば、「数学と社会との断絶」が引き起こす課題であり、人生を通して必要となる「数学的リテラシー」を身につけるための教育が行われていないことが問題である。しかし、数理科学の基礎は初中等の算数・数学教育によって培われるので初中等教育における教育についての分析なくしては高等教育での課題を正確に理解することはできない。本稿は

第Ⅱ部　大学における数理科学教育

初中等教育段階での課題を認識した上で、全ての大学生のために必要な数学的リテラシーを身につけるための数理科学教育のあり方について考える。

1.　数学的リテラシーと PISA 調査

　第 2 次世界大戦後の国際的な学力調査としては、IEA（The International Association for the Evaluation of Educational Achievement）が 1964 年に数学、1970 年に理科の調査を行い、1995 年から数学・理科を対象に 4 年ごとに実施している TIMSS と、OECD が 2000 年から 3 年ごとに「読解リテラシー」「数学的リテラシー」「科学リテラシー」を対象に実施している PISA（Programme for International Student Assessment）とがあり、その結果は各国の教育政策にも大きな影響を与えている。

　TIMSS は初中等教育段階（日本の学年では、小学校 4 年生と中学校 2 年生）における教育到達度を測定するものであり、1964 年の数学、1970 年の理科という当初の結果から、日本の小中学生の成績が極めて優秀ということで世界的に日本の数学・理科教育の水準の高さを示すものとなった。1995 年以降の TIMSS としての継続的な調査でも算数・数学の結果（国立教育政策研究所, 2016）は安定したものとなっており、「ゆとり教育」による学力低下といった指摘を示すものにはなっていない。

　PISA は義務教育修了段階（15 歳）において、これまでに身に付けてきた知識や技能を、実生活の様々な場面で直面する課題にどの程度活用できるかを測定することを目的としている。OECD が 1997 年から計画し、DeSeCo のキーコンピテンシーの一部として 3 つの「リテラシー」を対象としている（松下, 2011）。3 つのリテラシーの 1 つである数学的リテラシーは PISA2003 では「数学が世界で果たす役割を見つけ、理解し、現在及び将来の個人の生活、職業生活、友人や家族や親族との社会生活、建設的で関心を持った思慮深い市民としての生活において確実な数学的根拠にもとづき判断を行い、数学に携わる能力」と定義されていたが、PISA2012 では「様々な文脈の中で定式化し、数学を適用し、解釈

第 7 章　教養教育における数理科学教育の試み

する個人の能力であり、数学的に推論し、数学的な概念・手順・事実・ツールを使って事象を記述し、説明し、予測する力を含む」という定義に変わっている。いずれにせよ、単に数学の問題を解くことより、現実の文脈の中で数学を活用することに重点が置かれており、学校教育での知識の定着を直接測定しているのではない点に注意が必要である。PISAの結果は、2003年に読解リテラシーがOECD平均を下回り、数学的リテラシーでも得点・順位が下がったため「日本版PISAショック」と呼ばれる衝撃を与え、文部科学大臣が学力低下を公式に認め、「ゆとり教育」から「学力向上」へ舵を切ることになった。政策的にも全国学力・学習状況調査が基礎的な知識を問うA問題の他に知識の活用力を問うB問題も加えて、毎年、悉皆で実施されるようになった。B問題はPISA型問題とも呼ばれ、PISAの点数が上がる対策を実施しているとも考えられる。実際、2009年以降はPISAの点数・順位は確実に上がっており、政策的効果と考えられるが、2003年以降の日本の数学的リテラシー得点の差異は統計的には有意ではない（なお、読解リテラシーについては有意に改善している。PISAの数学的リテラシーテスト問題の得点は2003年のOECD参加国平均が500点、標準偏差が100となるように得点化されており、2003年以降は統計的比較が意味のあるものとなっている）。

表 1　PISA 調査における数学的リテラシー国際比較

(国立教育政策研究所，2016 表 11 を加工)

	2003 年	2006 年	2009 年	2012 年	2015 年
日本の得点	534	523	529	536	532
OECD 平均	500	498	496	494	490
最高得点	550	549	600	613	564
OECD 加盟国中の順位 / 参加国数	4 / 30	6 / 30	4 / 34	2 / 34	1 / 35
全参加国中の順位 / 参加国・地域数	6 / 41	10 / 57	9 / 65	7 / 65	5 / 72

第II部　大学における数理科学教育

　PISA 調査が実際に何を測っているか、また、その結果に対する国家
レベルの反応について様々な議論があるが、ここでは数学的リテラシー
に関して、2012 年の調査では生徒質問紙の否認知的アウトカムの結果か
ら考察するに留める。1989 年に全米数学教師協議会（National Council of
Teachers of Mathematics：NCTM）によって発行された「カリキュラムと
評価のためのスタンダード」において全ての生徒にとって共通の「5 つ
の目標」1）数学の価値を学習すること、2）数学をする能力に自信を持
てるようになること、3）数学的問題解決者になること、4）数学的にコ
ミュニケーションを行うことを学習すること、5）数学的に推論するこ
とを学習すること（National Council of Teachers of Mathematics, 1989, p. 5）
を設定している。PISA 調査のテスト問題はこの 5 つの目標のうちの 3）
〜 5）を把握することとしており、1）〜 2）は PISA 調査の生徒質問紙
の否認知的アウトカムとして評価されている（OECD, 2013, p. 253）。生
徒質問紙の否認知的アウトカムに関する質問は、①数学における興味・
関心や楽しみ、②数学における道具的動機付け、③数学における自己効
力感、④数学における自己概念、⑤数学における不安、の 5 つの要因に
関する質問をしており、国立教育政策研究所（2013）から道具的動機付
けと自己効力感に関するデータを引用し分析する。

　道具的動機付け指標は、4 つの設問「将来つきたい仕事に役立ちそう
だから、数学はがんばる価値がある」「将来の仕事の可能性を広げてく
れるから、数学は学びがいがある」「自分にとって数学が重要な科目な
のは、これから勉強したいことに必要だからである」「これから数学で
たくさんのことを学んで、仕事につくときに役立てたい」からなり、そ
れぞれ「まったくその通りだ」「その通りだ」「その通りでない」「全く
その通りでない」から回答を選択する形式である。「まったくその通り
だ」「その通りだ」を選択した生徒の割合は、日本は参加国 65 カ国中下
から 2 番目で、数学が「社会で必要であり役に立っている」、「将来の職
業も含めて人生で必要である」という認識が日本の生徒には希薄である
ということを示していると考えられる。

第7章　教養教育における数理科学教育の試み

　自己効力感指標は、8つの設問「列車の時刻表をみて、ある場所から別の場所までどのくらい時間がかかるか計算する」「あるテレビが30％引きになったとして、それが元の値段よりいくら安くなったかを計算する」「床にタイルを張るには、何平方メートル分のタイルが必要かを計算する」「新聞に掲載されたグラフを理解する」「$3x + 5 = 17$ という等式を解く」「縮尺10,000分の1の地図上にある、2点間の距離を計算する」「$2(x + 3) = (x + 3)(x - 3)$ という等式を解く」「自動車のガソリンの燃費を計算する」からなり、それぞれ「かなり自信がある」「自信がある」「自信がない」「全然自信がない」から回答を選択する形式である。「かなり自信がある」「自信がある」を選択した生徒の割合は参加国65カ国中下から3番目と低い。しかし、「$3x + 5 = 17$ という等式を解く」、「$2(x + 3) = (x + 3)(x - 3)$ という等式を解く」という設問に関しては、OECD平均を上回っていて、その他の項目は大きく下回っている。方程式を解くことはできても、現実の問題に簡単な数学を使えるという自信がない、あるいは数学が使えると思っていないという可能性があり、学校で学んだ算数・数学の知識が、ホワイトヘッドがいうところの「不活性な知識」（転移しない知識）（Whitehead, 1932）になってしまっている危険性がある。この点は、大学での数学的リテラシー教育を考える際に重要な論点になる。

2.　高校段階での数学教育の現状と課題

　上記のように義務教育段階では算数・数学の認知的な学力（算数・数学の問題を解く能力）について、国際的にみて日本の生徒に大きな問題はないが、「数学の価値を学習すること」「数学をする能力に自信を持てるようになること」といった試験問題では測れない部分では課題がある。しかし、こういった部分の教育は高校段階ではあまり省みられなくなる。本稿では、高校における数学教育の問題点として、早期の段階での文理わけと大学入試問題の現状について検討する。

　国立教育政策研究所のプロジェクト研究「中学校・高等学校における

第Ⅱ部　大学における数理科学教育

理系進路選択に関する研究」（後藤顕一他，2013）が 2012 年に行った大規模調査によると高校の 66 ％は文系・理系のコース分けを行っており、コース選択をさせる時期は第 1 学年の 10 月〜 12 月が最も多く、コースに分かれる時期は大半が第 2 学年 4 月となっている。また、大学志願者の割合が高いほどコース分けが実施されており、大学進学志願者割合が 9 割以上ではコース分けする高校が 77 ％、分かれない高校が 11 ％、無回答 12 ％である。数学の科目の履修について見ると、高校普通科の文系コースでは「数学 B」の履修を必修としている学校の割合が、大学志願者が 6 割未満の学校では 5 割を下回っており、「数学Ⅲ」については大学志願者割合に関係なく選択できない学校が大半である。また、高校 3 年生文系コースの学生は、大学入試センター試験で数学Ⅰを受験予定と回答した割合が 50 ％、数学Ⅱは 40 ％となっている（高校 3 年生理系コースは数学Ⅰが 89 ％、数学Ⅱが 84 ％）。

　これらのことから、多くの高校生は 1 年生で数学Ⅰ・数学 A を履修したのち、2 年生に進級する際のコース選択で文系の選択をすると、数学Ⅲを学ぶ機会が失われるとともに、入試科目として数学Ⅱ・数学 B を避けることが可能となっていることが分かる。PISA の質問紙調査の結果から分かるように、数学を分かることが楽しいと思っている生徒は少なく、できれば数学を勉強したくないと思う状況で進路選択を余儀なくされる生徒の割合は高い。したがって、大学入試のために数学を勉強するという以外のモチベーションを持つのが難しいのが現実である。日本の高等教育において、入学生が数学に関して高校で何を学んできて、どういう意識を持っているかということを理解しておくことは数理科学教育を考える点で重要である。

　また、現行の学習指導要領の「数学 B」は「数列」「ベクトル」「確率分布と統計的な推測」の 3 つの単元から 2 つを選択するという制度になっており、大学入試で「確率分布と統計的な推測」が出題範囲とされてないことから、ほとんどの高校で「確率分布と統計的な推測」が選択されない状況である。現実の事象に内在する不確実性という観念を確率や確率

分布で数学的に捉えて推論する考え方は、大学生や社会人でも理論を学習するだけで理解することは困難であり、高校段階で確率分布や推測統計（区間推定や検定）を学習することが望まれる（日本学術会議，2016）。

　高校の数学教育には、大学入試で出題される問題が大きな影響を与えるのは衆知の事実である。高校の社会的評価が有名大学の合格者数で下されるという現実の前では、大学入試問題を解くための教育に高校側が重点を置かざるを得ないのは当然の帰結である。数学的リテラシーの「様々な文脈の中で数学的に定式化し、数学を活用し、解釈する個人の能力」を測定するという形で作成されている大学の数学の入試問題はほとんどない。数学的に定式化された状況で、指導要領内の知識を使って数学としての解答を求める問題がほとんどであり、現実と繋がった文脈から表、グラフといった数学的なツールを活用し、数学的に定式化するプロセス（このプロセスを「数学化」と呼ぶ）は省かれている。これは、大学入試の様々な制約（解答時間、採点期間、公平性の担保等）が大きいが、出題者側の能力にも課題があり、高大接続改革で言われている入試改革が進んだとしても、PISA型の問題を一般入試で導入するにはかなりの時間が必要だと考えられる。この大学入試の状況からは、数学的リテラシーを身につけるための教育が高校で行われないことは致し方ないと考えられ、学生は数学が社会から切り離された数学という世界に閉じた知識・技能と（無意識に）思いこんで大学に入学してくるのである。

3. 大学における数理科学教育の現状

　ここまで初中等の算数・数学教育について論じ、大学入学時段階での課題を明らかにしてきた。1つは文系の学生が学力以前に数学的内容について履修すらしていないという問題、そしてもう1つは学生が、数学を社会と切り離されたものと認識し、自分のキャリアの中で数学を学ぶ必要性を理解していないという問題である。

　以下、本稿で取り扱うのは専門分野の基礎としての数理科学教育ではなく、高校段階で身についているとは言えない「数学的リテラシー」に

第Ⅱ部　大学における数理科学教育

ついての全ての学士課程を対象とした数理科学教育について考えるが、まず、その現状について確認しておく。

　大学教育学会の課題研究「学士課程教育における共通教育の質保証」サブテーマ4「共通教育における質保証のためのマネジメント」での全国調査（岡田・高野，2015）の数学的リテラシーに関する質問項目の結果（高橋，2015）からは「全学の教育目標に数学的リテラシーに関する教育目標が位置づけられていますか」では、大学全体で「とてもそう思う」が1.6％、「まあそう思う」が16.3％であり、全学の教育目標に数学的リテラシーを身につけることが掲げられていない状況であることが分かる。教育目標（学修成果目標）がなければ、質保証の議論は不可能であり、数学的リテラシーについて組織的な質保証の議論は困難な現状が明らかになった。数学的リテラシーを身につける科目が開設されていない大学が4割を超えており、開設されている大学でも自由選択科目が多く開講科目数も少ない状況であった。このことから、数学的リテラシーを身につけるための教育自体が行われていないことが我が国の高等教育の現状であることが明らかになった。

　また、同じ課題研究のサブテーマ3で実施した「大学生学生調査2015」（山田，2016）（$n = 522$、1年生203、2年生209）において表2の問題（電卓使用不可、回答時間5分を想定）に対する正答率は48.6％であった。

表2　大学生学生調査 2015 への提供問題

　下の表は、A、B、C3つの都市の面積と2003年と2010年の人口を表にしたものです。2010年に人口密度が9,000人/km²を超える都市をすべて選びなさい。

都市	A	B	C
面積（km²）	221	144	437
2003年の人口（千人）	2,624	1,290	3,519
2010年の人口（千人）	2,661	1,410	3,672

第 7 章　教養教育における数理科学教育の試み

このことはこの問題の数学的内容を半数の学生が理解していないということを意味しているものではない。数学的内容以外の現実の問題を数式・表・グラフ等を用いて数学の問題として解釈し、数学の問題として解いた後に現実の問題に適用するという部分に問題があるのであって、2,661 ÷ 221、1,410 ÷ 144、3,672 ÷ 437 の答えが 9 より大きいものを選べという設問なら正答率は大きく上がったであろう。上記の問題は数学の問題として解釈できれば、小学校 5 年生レベルのものである。しかし、その数学の問題として認識し、必要な計算を行えばよいという判断ができるということとは、また別の能力なのである。ここに、現実の問題を高校までの数学の内容を用いて解決することが、大学の数学的リテラシー教育として必要とされる理由がある。

4.　教養教育としての数理科学教育実施についての課題

中等教育及び高等教育の現状を詳しく分析することにより、文系の学生は大学入学時に数学的リテラシーが身についていないにもかかわらず、大学在学中にも数学的リテラシー教育がほとんど実施されていないことを明らかにしてきた。以下、繰り返し出て来るので、教養教育として数学的リテラシーを身につけることを目標として実施される教育を「数学的リテラシー教育」、そのための授業科目を「数学的リテラシー科目」と呼ぶこととする。

しかし、2008 年に出された中央教育審議会答申「学士課程教育の構築に向けて」において「各専攻分野を通じて培う学士力 〜学士課程共通の学習成果に関する参考指針〜」の中で「知的活動でも職業生活や社会生活でも必要な技能（汎用的技能）」の 1 つとして「数量的スキル：自然や社会的事象について、シンボルを活用して分析し、理解し、表現することができる」を掲げているように、数学的リテラシーの学士課程における学修成果の必要性は、ICT 技術の急速な発展とともに益々高まっている。

文系学生の高校までの履修歴から考えて、数学 II・B の数学的内容：

第Ⅱ部　大学における数理科学教育

指数関数・対数関数・三角関数・微積分の基礎・数列・ベクトル・確率分布と統計的な推測、が現実社会とどう繋がっているかということを含んだ授業が必要だと考えられるがこういった授業を文系の学生に対して組織的に展開している大学はほとんど存在していない状況である。

　教育組織（学部・学科）によっては、学修成果として数学的リテラシーを含めると達成できない危険性を考慮する。具体的には、学修成果として掲げる以上、必ずその能力に対応する一定の単位を取得する必要が生じ、その単位が取れないことで卒業できない学生が多数出てしまうことの懸念である。また、カリキュラムとしての提供が文系の教育組織では難しく、他の組織（理学部数学科、共通教育の担当部署の数学者の組織）への授業提供を依頼する必要があること自体が障壁になっていることも考えられる。しかし、最大の課題は、「数学的リテラシー科目」を提供できる教員が存在するかという点である。通常、考えると数学者がこの授業を行うのが当然と考えるであろうがそこに大きな問題がある。

　日本の大学では、数学者は純粋数学の研究者が多く、統計や応用数学の研究者が少なく、人材養成する教育組織も少ない。純粋数学の研究者にとって数学自体が研究対象であり、数学がなぜ学ぶ価値があるのか、数学が社会でどう使われるかには関心がないことが多い。数学者は共通教育として専門基礎の科目（線形代数学、微積分学等）を他学部向けに教えているので共通教育自体は慣れているのだが、この場合はそれぞれの専門のために必要ということで学ぶ意義については学生も一定理解している。しかし、「数学的リテラシー科目」となるとそもそも何故学ぶのかから授業の中で位置づけが必要となるが、この部分を学生に説得力を持って教えるのは数学者には荷が重いのである。「数学的リテラシー教育」を実施するためには、学習者にとっての必要性から納得してもらう必要があり、数学の哲学が必要となってくるのであるが、数学者にとっては自分が好きで得意で数学を研究しているのであり所与のものである。

　数学の哲学において数学の知識体系は、理想的で誤りがない「絶対的」なものと考えるか、社会構成物として誤ることもある「可謬的」な

ものと考えるかで大きく立場が分かれる（アーネスト，2015）。数学者、特に純粋数学の研究者とは数学を絶対的なものと考える傾向が強いのである。しかし、数学が可謬的な社会構成物だと認めると、「数学を教えることの目的は学習者が自分自身の数学の知識を創るための力を与えることを含む必要があり、少なくとも学校では、全ての集団がもっとその概念やその知識がもたらす富や力に近づきやすくするために数学は再構成することができ、数学の利用や実践という社会的文脈はもはや合法的に脇へ押しやられることはできず、数学に内在する価値がまともに正視される必要がある。」（アーネスト，2015）。

　したがって、「数学的リテラシー教育」において数学的内容を教えるには適していてもその授業デザインができる数学者は少ない。さらに、数学的リテラシー教育には、「数学の言語的障壁」の問題、数学者は数学の言葉を自由に操れ、式・図・グラフ・表といったシンボルを自由自在に操れてそれを当然のことと思っているが、文系の学生は数学の言語をうまく話せない人であることからのコミュニケーション不全という問題がある。実は、理系の学生でも数学の授業が分かりにくいと言われるには、この言語的障壁の問題があるのだが、文系の学生に対してはこの点が致命的となってしまう。教える側が話す言語が日常的に当たり前になっていて学ぶ側がどこまで話せるかについて考慮できない状況があり、これを解決するのは数学者だけでは困難である。

　このように「数学的リテラシー教育」が大学で進展しないのは、入学生の知識・能力の問題、教育組織の問題、教育実施者の問題が要因としてあり、一挙に解決するのは困難であることが分かってきた。以下、この課題への大阪府立大学の取組について紹介する。

5. 大阪府立大学の「数学的リテラシー教育」の取組

　大阪府立大学では、文系向けの学生の数理科学教育を 2012 年度より組織的に実施してきた。基本的にこれまで述べてきた問題の解決を目的としての取組であるが、組織改編のタイミングと人材に恵まれたために

第Ⅱ部　大学における数理科学教育

可能であったことも事実である。

　2012 年に大阪府立大学はそれまでの 7 学部・28 学科から 4 学域・13 学類への学士課程の全学改組を行ったが、その際、人間社会学部と経済学部を中心に全学的に教員を集めて新たに作ったのが現代システム科学域という文理融合の学域である。この学域は「知識情報システム学類」、「環境システム学類」「マネジメント学類」の 3 学類からなるが、知識情報システム学類は数Ⅲを課している理系型の入試を行っており他の学類は数Ⅲを課さない文系型の入試を行っている。

　現代システム科学域のカリキュラム検討の中で数学的素養を基礎としたシステム思考を 1 つの軸とする方向が示され、文系向けの数学的リテラシー教育を検討することとなったのが 2010 年当初である。現代システム科学域の教育心理学の専門家と全学共通教育の責任部局である高等教育推進機構の数学グループの教員とが、1 年弱の準備期間を経て、2011 年度に教養科目として「人文・社会科学のための数学 A・B」という科目を開設した。1 年間行った授業の結果を取り入れるとともに、教科書（川添・岡本, 2012）を作成し、2012 年度からの現代システム科学域の専門基礎科目「基礎数学Ⅰ・Ⅱ」を開講した。基礎数学Ⅰは文系入試で入学する学生全員が必修で受講者 300 名程度、基礎数学Ⅱはマネジメント学類のみが必修であるが、環境システム学類の学生も 6 割程度受講し、受講者は 250 名程度である（高橋, 2012）。なお、統計学基礎Ⅰ・Ⅱもこの学域の専門基礎科目として開講しており、こちらはⅠ・Ⅱとも学域全体の必修科目となっている。組織改革のタイミング、数学的リテラシーを身につけさせたいという教育組織の意思、それを実行できる教育心理学者と数学者が学内に存在し、共同作業を行える環境であったこと、この 2 名の授業開発への熱意と努力が相俟って、組織的な数学的リテラシー教育が実現しており、この作業が他大学でそのまま実行可能とは思われない。ただし、数学的リテラシーを身につける授業のための教科書ができており、他大学での導入の垣根は格段に低くなっているのは事実である。

　文系の学生の数学に対するイメージは、「数学は受験のために勉強す

る暗記科目で、役に立たないし、将来使わない。無味乾燥で意味が分からず公式を覚えて適用するだけのものであり、先生の言葉もよく分からない」というものである。このような学生向けの授業開発は前節で述べたように数学者だけでは無理であり、数学の内容の専門家（数学者）と、数学の授業のどこが分かりにくいかが分かる専門家（認知心理学者）の共同作業で授業開発を行ったことがポイントであった。

　基礎数学Ⅰ・Ⅱの授業については（川添・岡本, 2017）に詳しい記述があるので、ここではその設計と実践について重要な点について示す。この授業では、日常的・現実的な文脈の中で数学を用いる活動を中心におき、数学が現実的問題・日常的問題の解決に活用できること（数学の有用性）を理解させることが重要視されている。学習の促進には、実世界での問題の性質を反映した環境での課題の実行や問題解決が重要であると考え、状況に埋め込まれた学習を授業時間内外で促している。現実的問題・日常的問題の解決に数学を活用する力（数学活用力）を身につけることの意義を学生が認識することと、実際にその能力を身につけることを目指している。授業を進める上では、数学者が暗黙のうちに使ってしまう数学的用語・記号や思考方法を意識して使わないことが必要となるが、認知科学の専門家が、数学者が行う授業を見学し改善を図り、その結果が教科書、及び、授業の指導案（図1）にも反映されている。

第Ⅱ部　大学における数理科学教育

問題　某O大学では，キャンパスが広大であることからレンタサイクルサービスを開始することにした。正門脇の駐輪場とキャンパス奥の講義棟前の駐輪場にそれぞれレンタサイクル用指定駐輪場を設置し，この2カ所の駐輪場間では相互に乗り捨て自由としてサービスを開始することにしたい。事前のモニター調査の結果から，各駐輪場の自転車の1週間後の移動の状況が，右の表のようになると予想された（表中の数値は％）。自転車を100台以上用意して本格サービスを開始するにあたり，2つの駐輪場にどう配分するのがよいだろうか。

もとの場所↓	移動先	
	正門脇	講義棟前
正門脇	70	30
講義棟前	20	80

	学生の活動（1週目）	指導の手だて	学習のねらい
①	上の問題について，一方に多く配分すべきか（その場合どちらを多くすべきか），等分すべきかを班毎に議論し，予想する。予想に従って具体的な台数配分を決めて，週毎の台数変化のシミュレーションを行う。全班の結果をグラフ用紙にプロットして観察する。	班毎に異なる台数を与えて配分を考えさせる。（異なる初期状態に対するシミュレーション結果を得るため。）	2カ所の台数を表す点の週毎の動きについて，すべての点が同じ傾きの直線に沿って平行に動くこと，原点を通るある直線に近づいていくことを「発見」させる。
②	観察結果をベクトルの言葉で表す。「ベクトル $\begin{pmatrix}\Box\\\Box\end{pmatrix}$ と平行な直線方向に動きながら，ベクトル $\begin{pmatrix}\Box\\\Box\end{pmatrix}$ の定数倍で表される点に近づいていく。さらに，平行移動する距離は1回毎に□倍になっていく。」	「2つの直線はどんな直線？傾きをベクトルで捉えると？」「$\begin{pmatrix}-1\\1\end{pmatrix}$ 方向の動きの特徴は？1回毎に動く幅はどうなってる？」と問いかけてベクトルの言葉で捉えるよう誘導する。穴埋めで答えさせる。	点の動きの特徴が2つの特別なベクトル $\begin{pmatrix}-1\\1\end{pmatrix}$, $\begin{pmatrix}2\\3\end{pmatrix}$ で表されることを理解させる。
③	②のベクトルに推移行列をかけて，その結果を観察する。	$\begin{pmatrix}-1\\1\end{pmatrix}$, $\begin{pmatrix}2\\3\end{pmatrix}$ は「推移行列をかけても方向が変わらない特別なベクトルである」ことを説明する。固有値・固有ベクトルの定義を紹介する。まとめとして，台数の推移の特徴は固有ベクトルで捉えられることを述べる。	台数の推移は固有ベクトルで捉えられることを理解させる。

	学生の活動（2週目）	指導の手だて	学習のねらい
④	最初の台数配分を表すベクトルを固有ベクトルの和として表す。$\begin{pmatrix}200\\100\end{pmatrix}=\underset{⑦}{\Box}\begin{pmatrix}2\\3\end{pmatrix}+\underset{④}{\Box}\begin{pmatrix}-1\\1\end{pmatrix}$	前回の内容を復習した後，最初の台数配分を与えて固有ベクトルの和への分解を穴埋めで答えさせる。	初期状態を表す平面ベクトルが異なる2つの固有ベクトルの定数倍の和（1次結合）で表せることを理解させる。
⑤	④の式の両辺に推移行列 P のベキ乗をかけて，$P^n(⑦)$, $P^n(④)$, $P^n(⑨)$ をグラフに書き，これらの関係と n を増やしていくときの動きを観察する。	P との積が分配法則に従うことを説明して，$P^n(④)$, $P^n(⑨)$ を計算させる。	P^n（固有ベクトル）の結果が（固有値）^{n} ×（固有ベクトル）となることを理解させ，$P^n(⑦)=④+0.5^n⑨$ となること，n を大きくしていくと $P^n(⑦)$ が④に近づいていくことを理解させる。
⑥	週毎の台数を安定させるにはどうしたらよいかを考える。台数が安定する配分を求める問題を，固有値1の固有ベクトルで成分の和が総台数と一致するベクトルを求める問題に翻訳して解く。	⑤の観察の後「⑦がはじめから④だったら？」と問いかける。さらに，「週毎の台数が変わらないという条件は，ベクトルの条件ではどう書ける？」「総台数の条件はベクトルの成分の条件としてはどう書ける？」と問いかけ，ベクトルの問題への翻訳を誘導する。	台数を安定させるには，初期配分として固有値1の固有ベクトルをとればよいことを理解させる。
⑦	全体の振り返りを行い，推移行列とベクトルを用いて捉えられる現象の分析における，固有値・固有ベクトルの役割とその使い方についてのまとめを行う。	補足として，マルコフ連鎖，固有値1の固有ベクトルを持たない現象，コンピュータによる固有値・固有ベクトルの計算（Mathematica）について説明する。宿題として，演習とは異なる分野から推移行列の固有値・固有ベクトルを用いて現象を分析・説明する課題を課す。	推移行列とベクトルを用いて捉えられる現象の分析における，固有値・固有ベクトルの役割についての理解を深めさせる。固有値・固有ベクトルを用いて分析される現象・問題がたくさんあることを理解させる。

図1　指導案

（川添・岡本，2017，p.191　図4-1-2を転載）

図2のように、通常の数学の授業では図の右半分で閉じているものを、この授業では現実世界との往還に重点をあてている。このことによって、数学的解決が学生にとって意味あるものと認識されるのである。
　基礎数学の題材は、学生が自分の問題として捉えられる問題を扱うようにすることとなるべく現実のデータを使うように選んでおり、異なる文脈で同じ数学的構造をもつ問題を複数扱うようにして、数学を用いれば文脈の違いを超えて様々な問題を統一的に扱えることが分かるように配慮している。

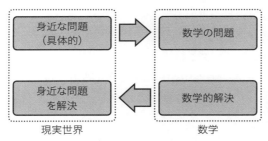

※ 横向きの矢印の部分を丁寧に。
図2　基礎数学の授業の進め方

　授業での指導は、まず、現実の問題を題材にして親しみを持たせて、それを、学生が理解できる「ことば」で伝えることから始める。その後で、学生の数学的表現に対するイメージを豊富にするための基礎演習を行っている。グループでの演習中心に授業を行い、学生の理解過程に沿って授業を進めていく指導案となっている。また、数学的手法の意味がわかる指導を行い、手続きのみの説明に陥らないことと必要以上に背景の数学理論に踏み込まないよう注意している。
　授業内容の例として、指導案（図1）を参考に説明する。教科書の「6.4 固有値・固有ベクトルで変化をとらえる」という節の内容を学内でのレンタサイクルの自転車の配置台数を考えるという身近な問題から始めて、グループでの観察・実験から法則性を発見させるという過程を経

第II部　大学における数理科学教育

て、この問題が固有ベクトルの概念で説明できることを理解するまでが第1週。第2週は問題の設定を変えて、演習を行うことにより、推移行列の固有ベクトルを用いて最適化問題が解けることを理解させるという設計になっている。通常の数学の授業が固有値・固有ベクトルの定義から始まることとは対照的であることが分かるのではないか。なお、こういった授業案は、基礎数学が4クラス同時開講されるということで4人の教員が授業を行うためにも必要となる。こういった旧来の大学の数学の授業と全く異なったスタイルの授業を担当する教員の負荷の軽減と質の担保のための指導案であるが、設計思想を理解した上で別のアプローチを行うことは教員の自由である。

　後期の基礎数学II終了時の受講した学生のアンケート結果（2012年, n=226）は「数学に対する興味・関心」が「大いに高まった」「高まった」という回答が60%、「数学を用いて考える力」が「非常に上がった」「上がった」が70%と概ね良好である。自由記述では「高校まではとりあえず解き方を教えてもらってひたすら問題を解いていただけで、何の役に立つのだろうと考えていた。しかし、この授業をうけてから、数学の見方が変わった。実際に利用され、社会の役に立っていることを知って、また自分で活用することができて楽しく数学をすることができた」。「文系出身なので、すごく数学には苦手意識があったんですけど、こんな風に身の回りに数学が使えるんだな、と分かってすごく親近感がわいた。こういう授業は数学苦手な人にはすごくありがたいです」といった回答があり、授業の狙いが一定達成できていると考えられる。

6. まとめ

　数学的リテラシーが大学入学時に身についておらず、大学では身につける教育が行われていない状況を様々な調査結果から明らかにした上で、大学において数学的リテラシーを身につけるための教養教育としての数理科学教育を行う上での課題を明らかにし、その課題を乗り越えるための実践として大阪府立大学の取組を紹介した。本稿が、数学的リテラ

シーを身につけるための教養教育としての数理科学教育が我が国の大学で普及する一助となることを期待している。

【参考文献】

ポール・アーネスト（2015）『数学教育の哲学』（長崎栄三・重松敬一・瀬沼花子監訳）東洋館出版社.（原著 Ernest, P., 1991, *The philosophy of mathematics education*, London: Routledge）

岡田有司・高野篤子（2015）「共通教育マネジメントにおける PDCA サイクルとその関連要因－2014 年度全国調査の分析結果から－」『大学教育学会誌』, 37-1, pp. 33-38.

川添充・岡本真彦（2012）『思考ツールとしての数学』, 共立出版.

川添充・岡本真彦（2017）「文系学生のための数学活用力を育む授業デザインとその実践」水町龍一編『大学教育の数学的リテラシー』184-194, 東信堂.

国立教育政策研究所（2013）「OECD 生徒の学習到達度調査 ～2012 年調査分析資料集～」, https://www.nier.go.jp/kokusai/pisa/pdf/pisa2012_reference_material.pdf.

国立教育政策研究所監訳（2013）『PISA2012 年調査 評価の枠組み－OECD 生徒の学習到達度調査』明石書店.（原著 OECD, 2013, *PISA 2012 Assessment and Analytical Framework: Mathematics, Reading, Science, Problem Solving and Financial Literacy*, OECD Publishing. http://dx.doi.org/10.1787/9789264190511-en.）

国立教育政策研究所（2016）「国際数学・理科教育動向調査（TIMSS2015）のポイント」, http://www.nier.go.jp/timss/2015/point.pdf.

後藤 顕一他（2013）「中学校・高等学校における理系進路選択に関する研究 最終報告書」, 国立教育政策研究所, http://www.nier.go.jp/05_kenkyu_seika/pdf_seika/h24/2_3_all.pdf.

高橋哲也（2012）「学士課程教育における数学力育成の取組について」『大学教育学会誌』34-2, pp. 23-28.

高橋哲也（2015）「学士課程教育における数学的リテラシーの考え方について」『大学教育学会誌』37-1, pp. 39-44.

高橋哲也（2017）「日本の大学数学教育の現状と課題」水町龍一編『大学教

第Ⅱ部　大学における数理科学教育

育の数学的リテラシー』110-117，東信堂.

日本学術会議数理科学委員会数学教育分科会（2016）　提言「初中等教育における算数・数学教育の改善についての提言」，http://www.scj.go.jp/ja/info/kohyo/pdf/kohyo-23-t228-4.pdf.

松下佳代（2011）「〈新しい能力〉による教育の変容－DeSeCoキー・コンピテンシーとPISAリテラシーの検討－」『日本労働研究雑誌』，53-9，pp. 39-49.

山田礼子（2016）「共通教育における直接評価と間接評価における相関関係：成果と課題」『大学教育学会誌』，38-1，pp. 42-48.

Whitehead, A,N.(1932) *The Aim of Education*, reprinted, London, Earnest Benn, 1959.

National Council of Teachers of Mathematics（1989）*Curriculum and Evaluation Standards for School Mathematics*, Reston, Virginia, National Council of Teachers of Mathematics.

第8章 イノベーション人材育成に資する数学教員養成の在り方

根上　生也

　私は、位相幾何学的グラフ理論という数学の専門家ですが、これまで教員養成に関わる講義や教員研修会の講師を数多く務めてきました。その経験から得られた知見や提言を述べたいと思います。近年、超スマート社会を構築するためには、数理科学に長けた人材が必要だといわれ、その養成が急務の課題だとされていますが、はたして今日の数学教育の在り方のままで、超スマート社会の構築に必要なイノベーション創出に貢献できる人材育成ができるでしょうか。関係する方には多少耳障りな主張をすることになると思いますが、私が感じる閉塞感を打破するために、あえて苦言を呈したい思います。

1. 考えない数学教員

　最近、高校の数学教員を対象とする研修会で講演する際には、参加者のみなさんに次のような問題にチャレンジしてもらっています。

　　問題1　平面（紙）に放物線 $y = x^2$ が正確に描かれています。しかし、x 軸と y 軸が描かれていません。定規とコンパスを使って、x 軸と y 軸を作図してください。

　この問題が解けるかどうかは重要ではありません。こういう問題を前にして、先生たちがどのように振る舞うかが重要です。残念なことに、研修会に参加している数学の先生たちの大半は何もせずにフリーズしてしまいます。通常は、x 軸と y 軸が先に描かれていて、そこに与えられた式の放物線を描きます。こんな問われ方をしたことがないから、すぐ

第Ⅱ部　大学における数理科学教育

に答えがわからないのは仕方がない。でも、答えを考えようとする様子もなく、「早くやり方を教えてくれ」と言わんばかりの雰囲気になってしまいます。そんなことでよいのでしょうか。

そもそもこの問題をおもしろいと思ってくれているのかも怪しい。この問題自体は私のオリジナルではありませんが、この問題を初めて知ったときには、私はとてもおもしろい問題だと思いました。そして、素敵な教育的示唆が含まれていると感動したものです。なのに、先生たちには反応がない…。

そこで、いわゆるアクティブラーニングのように、少しずつ助言をしていき、先生たちの中から答えが生まれてくるように誘導していきます。とりあえずできることといったら何でしょうか。放物線と交わる直線を引くことぐらいでしょう。せめて垂直二等分線や平行線を引いてみたらどうでしょうか。

さらにできることはと考えていくと、放物線が 2 本の平行線から切り取る線分の中点を結ぶ直線を引くことに思いつきます。実際に、その直線を引いてみると、放物線の軸と平行になっているように見える。でも、放物線の頂点を通っていないように思える。ということは、放物線を半分に分けるようにその直線を移動できれば、放物線の軸、つまり y 軸が求められて、それと放物線の交点（そこが頂点になる）で垂直に交わる直線を引けば、x 軸が得られるのでは…。

こういう活動を通して、正解に至ることができます。さすがにこの事実を知れば、それまで反応のなかった先生たちも笑顔を返してくれます。実際にこのやり方で x 軸と y 軸が求められることは数式を使って証明することができますが、数学的な事柄を理解することが本稿の目的ではないので、その解説は省略します。関心のある方は自分で考えてみてください。

要するに、聞いてしまえば簡単なことの積み重ねなのだけれども、研修会の参加者のみなさんは、自分自身で解法を探し出すという活動をしようとしない。既存の解法を覚えておいて、それを繰り出して問題を解

くのが数学だと思っていて、覚えていた解法が適用できない問題には手が出せない。これでは、公式を暗記しておいて適用するだけの高校生と同じように思えます。

3. 教員養成学部における対立

では、このような自ら解法を考える態度を失った数学の先生たちはどのようにして生まれるのでしょうか。高校の数学教員は教員養成学部だけで養成されているわけではありませんが、教員養成学部でどのようなことが起こっているのかに触れておきましょう。

教員養成学部で数学を専門とする教員を養成する学科やコースは通常、数学の専門家と数学教育の専門家とで運営されています。そして、多くの大学では数学の先生の方が多数派で、数学教育の先生と対立している場合も少なくありません。数学の先生は「教え方ばかりを教えていて、数学を知らない」と数学教育の先生を非難し、逆に、数学教育の先生は「全員が数学者になるわけではない」と純粋数学ばかりを教えている数学の先生を非難します。とはいえ、個人的な感触ではありますが、最近では数学の先生たちの中にも教育に関心を持った人が増えてきて、昔ほどに数学教育の専門家と仲が悪いわけではないようです。

いずれにせよ、数学の専門家として教員養成学部で働く人たちのほとんどは理学部数学科の出身です。なので、教員志望の学生たちにも自分たちが経験した理学部数学科と同じ教育を行おうとするわけです。もちろん、教員養成系の学生は理学部の学生ほどに数学が得意ではないので、多少縮小した形で理学部数学科の数学が指導されることになります。教員養成という視点でこの実態を捉えたときに、はたしてよいことなのでしょうか。

4. 理学部数学科の実態

純粋数学を指導するという意味では、理学部数学科の方が優位だと思うことは当然でしょう。しかし、理学部数学科で行われている教育方法

第Ⅱ部　大学における数理科学教育

が自慢できるものなのかどうかは、かなり疑問です。

　たとえば、大半の理学部数学科では卒業論文も卒論発表会もありません。もちろん、卒業研究はありますが、本を読んだり論文を読んだりするだけで終わりというパターンが多いようです。つまり、卒業研究といっても研究をするわけではない。卒業論文を書かせる大学もあるけれど、複数の論文を読んでその内容をまとめた総合報告にとどまっているところが多い。つまり、何か新しいことを生み出す研究をするわけではない。だから、卒業研究発表会で自分の研究を発表することもない。要するに、本や論文を読んで人が作った論理を追う練習はするけれど、自分で一から考える練習はしていないわけです。

　工学系の学科だったら、指導教員や大学院の先輩の手伝いだったりするけれど、卒業研究では研究もするし、卒業論文も書くし、卒業研究の発表会もあります。なぜ理学部数学科ではこういうことをさせないのか。数学の先生の中には、学部生では研究は無理だからさせないと主張する人もいます。しかし、研究といっても、いろいろなレベルの研究があります。もちろん学部生に数学者と同じレベルの研究をさせるのは無理だと私も思いますが、私は学部生なりにやれる研究があると思っています。実際、そういうレベルの研究をうまく演出して学生を指導している先生を知っています。

　ちなみに、大昔には教育をよくしようと考えている若手の研究者がいると、「君の本分ではないだろう」と非難する数学者がいたという話を聞いたことがあります。そんな時代と比べると、教育を考える数学者が増えてきているようです。

5. 高校数学の負の影響
　私は、ここ数年間、ある大学の教職課程の授業を１コマ担当させていただいて、私なりの数学教育観を展開しています。そして、毎回、授業のはじめに、自分たちが高校までに受けてきた数学教育によってどのような人間になってしまったかを自覚させる問題にチャレンジしてもらっ

第 8 章　イノベーション人材育成に資する数学教員養成の在り方

ています。たとえば、1 回目の授業では次の問題をぶつけます。

　問題2　球面に内接する円柱の体積は、いつ最大になるか。

　中堅どころの私立大学工学部の約 30 名の学生が受講する授業なのですが、その正解率はなんと 5 % です。ところが、「球面の半径を r とし、それに内接する円柱の高さの半分を x とする。その円柱の体積を求めなさい。その最大値を求めなさい」と問うと、ほぼ全員が解けるのです。三平方の定理を用いて円柱の半径を求めれば、円柱の体積は x の 3 次関数になるので、それを微分して増減表を書いて、最大値を求めればよい。

　つまり、彼らは数学ができないのではないのです。入試問題のようにいかにも数学然とした形式で問われないと、数学を使う頭が動かないということです。もちろん、半径が固定されていなければ、円柱の体積はいくらでも大きくなります。それでは問題として意味をなさないので、半径を固定して考えますと、自ら宣言して解答するなんてことはできない。あらかじめ変数が設定されていて、厳密に数学的な準備を整えてもらっていないと、数学の能力を使えないという状態を「数学ができる」と称してよいのでしょうか。いずれにせよ、そんな大学生になってしまったのは、高校までに学んだ数学のスタイルの影響だと考えるのは自然なことでしょう。

　数学的な準備のない問題には手が出ない。これ以外にも「高校数学の負の影響」（文献［5］参照）はいろいろとあります。たとえば、意味を理解せず、手順だけ覚えている学生が多い。意味がわかっていれば、曖昧になった記憶を修正して正しいものにすることができます。しかし、ただ暗記しているだけでは、入試のときに記憶が曖昧になってしまうと、一か八かの勝負をするしかない。また、数学の問題は、とにかく式を立てて計算すれば答えが出ると思い込んでいて、原理を見抜こうとする態度がない。問題を見たら、覚えておいたことから使えそうなものを検索してそれを使おうとするだけ…。

125

第Ⅱ部　大学における数理科学教育

6. 数学の理解が揺らぐ

　さらに、私の授業の受講生の実態を探っていくと、いろいろな数学的な事柄を曖昧に理解していることがわかります。

　たとえば、みなさんは「1 と 0.9999…は等しいでしょうか」と問われたら、どう答えるでしょうか。大半の学生は「等しくない」と答えます。その理由を聞くと、0.9999…は限りなく 1 に近づくけれど、1 ではないからだと言います。これは関数の極限と等比数列の値とを混同しているからです。関数のときには x は限りなく a に近づいたときの $f(x)$ の極限と $f(a)$ は別のものだと習います。一方、無限等比数列が収束するときは 1 つの値を持ちます。0.9999…が 1 でなかったら、それは何なのでしょうか。両者が等しいという説明の仕方はいろいろとあります。この件については後でまた触れることになるでしょう。

　では、虚数は存在するでしょうか。この問いにはほとんどの学生が存在しないと答えます。虚数とは、判別式が負になるときにも 2 次方程式に解が存在するように人間が強引に作ったものであって、存在しないのだと思っているわけです。一方、実数は存在すると思っている。でも、世界のどこかにあるわけではなく、小学生の頃から数直線を見ていて、そこにリアリティーを感じているというだけです。それと同じリアリティーを虚数、複素数にも感じてもらえるように、現行の学習指導要領では数学Ⅲの中で複素数平面を指導することになっています。

　続いて、確率 0 の事象は絶対に起こらないでしょうか。これは多少ひっかけ問題のようですが、確率 0 でも起こる事象はあります。たとえば、時計の針が 0 時 0 分 0 秒を指す確率は 0 ですが、それは 1 日に 2 回も起こります。離散値の頻度確率ばかりに目が向いていて、連続量の確率分布のことを忘れているだけのことです。

　ここまでの問いは、それぞれをどう理解しているかの問題なので、きちんと学べばそれでよいことですが、次の問いの答えは衝撃的です。以下のように誘導すると、なんと 30 人中 5 人程度の学生が「円と楕円は相似だ」と言うようになってしまうのです。

まず、放物線はすべて相似だということを説明します。教科書には、放物線の $y = ax^2$ の a の値が変化すると、その放物線が開いたり閉じたりすると書かれています。実際、a の値が小さくなると、放物線は開くように見えるけれど、本当はもとの放物線が拡大されているだけ。放物線全体を拡大しても、見ている範囲が同じだと、頂点周辺の曲がりの緩やかな部分が見ている範囲全体に広がって、開いた感じがする。反対に a の値が大きくなると、全体が縮小されて細くなる。なので、どんな放物線も拡大縮小するとぴったり重なるのだ。こう説明をした上で、「円と楕円は相似か」と聞いてみる。

小学生に聞けば、絶対に「そうだ」と答えないでしょう。なのに、放物線が閉じたり開いたりして相似になるということは、円もつぶれて楕円になるのだから、相似にちがいないと判断してしまう。小学生のときには大きさは違っても形が同じなら相似だと理解していたはずなのに、放物線がすべて相似だという驚きの事実を突きつけられて、それまでの理解が簡単に揺らいでしまう学生がいるということです。論証幾何を否定するつもりはありませんが、ある意味で論証幾何をやるせいで、図形本来の意味を見失っているのかもしれません。

私はこの例外的な数名を単に頭の悪い奴らと片付けてしまうべきではないと思います。意味を考える機会を奪い、手順だけを覚えて問題を解くことを強要する高校数学のスタイルに問題があるのだと思います。

いずれにせよ、自分たちがどうだめかを実感させられるテストをされて、小学生にできることができなくなっている実態を知るということを毎週突きつけられていくと、半分ぐらいの学生は心を入れ替えてくれます。最終試験として自分の数学観・数学教育観の変化について書いてもらうのですが、大半の学生は、数学は公式を暗記すればよいと思っていたが、自分で理解して意味を考えることが大切だと思うようになったと書いてくれます。

第Ⅱ部　大学における数理科学教育

7.　数の三態、四態

　さて、今回のシンポジウムのテーマは「数量リテラシー」ということ
だったので、数について述べておきたいと思います。まず、ひとくちに
「数」といっても3つの状態があることを強調します。その状態を区別
するために、①数値（numerical value）、②数字（digit）、③数（number）
という3つの言葉を用意しましょう。

　数学を勉強していると、③の数のことばかりになってしまいますが、
他の2つとの意味の違いを意識すべきです。たとえば、1という数をどこ
で考えるかで、その意味は変わってきます。③に1を置くと、それは数
の概念としての1になります。その概念を表現するものとして「1」と
いう数字があります。よく「数学者は数字に強い」と言われますが、数
学者は概念としての数には強いけれど、けっして紙に書かれた数字には
強くないことに注意しましょう。

　一方、数値としての1は通常は単位を伴い、現実世界で何らかの意味
を持っています。そして、数の概念の1とはかなり違う性質を持ちます。
たとえば、概念の世界では、$1 \times 1 = 1$ です。こういう1を数学では乗
法単位元と呼びます。これと同じように、1mという数値の掛け算を考
えてみてください。$1m \times 1m = 1m^2$ となり、単位を無視すればこの1も
乗法単位元のように振る舞います。しかし、単位を cm に変えてみると、
$100cm \times 100cm = 10,000cm^2$ になってしまい、乗法単位元とは言い難い。
現実世界では同じことを表している等式なのに、単位を変えると表示が
まるで異なってしまいます。

　前述の「1と0.9999…は等しいか」という問題ですが、その問いを①、
②、③のどこで考えているかを意識すると、意味が明確になります。数
字の1はもちろん概念としての1を表しています。一方、0.9999…は概念
というよりも、あくまでも十進表記による表現だと解釈すべきです。つ
まり、②の世界にある。それは概念としての1を表している。数の表示
方法としては異なるけれど、どちらも概念としての1を表している。そ
ういう意味で「同じだ」と解釈して、等号「＝」で結ぶわけです。

第8章　イノベーション人材育成に資する数学教員養成の在り方

数の概念を議論しているのか、数値の話をしているのか、あくまで表現、表示の話をしているのか。これらを分けて理解していないと、きちんとして議論ができないことがよくあります。しかし、十進表記自体が数だと思い込んでいる大人が多いのは事実でしょう。

こういう数の三態を意識することは大切だけれど、本当はもう１つの状態があることが言いたい。その４つめの状態を④数と呼ぶことにします。③の数と同じ漢字になってしまいますが、「かず」ではなく「すう」と読みます。

一般に、概念とは言語的に規定されてものを指します。たとえば、自然数の概念といえば、１から始まり１ずつ増えていくものと規定できます。しかし、自然数の概念は、整数、有理数、実数の概念へと進化して姿を変えていきます。また、数えたり、計算したり、大きさを比べたりといろいろな用途を考えることで、自然数と呼ばれている概念自体も変化していきます。そう考えていくと、言語的に規定されるべき概念を揺り動かしていく何かを私たちは持っているように思えるわけです。それが④の数の観念です。

観念とは、必ずしも言語的に規定されるものではありません。「おまえは時間の観念がないな」と言われたら、単に「遅刻するなよ」という意味ですが、私たちは時間という観念を知っています。時間を他の言葉で表現しようとしても、うまく言えない。過去から未来に流れるものだと言ったところで、過去や未来自体が時間ということを前提にして意味のある言葉です。数学や物理学では、時間を実数に対応させて考えますが、それもあくまで表現の問題であって、時間が何かを明らかにするものではありません。でも、私たち人間は時間というものを何か体感のようなものとして知っている。それは言葉では言えないけれども、人間共通に持っているもの。それが時間の観念です。

それと同じように、私たちは数の観念を持っている。生得的に持っているのかどうかは実証できませんが、私は生得的に私たちの心の中にあると考えています。その発露として人間は数学をし、観念としての数の

129

第Ⅱ部　大学における数理科学教育

一部を切り出して、言語的に表現して様々な数の概念を生み出してきた
と考えたい。

　数にかぎらず、いろいろな観念が私たちの心の中に潜んでいて、それ
を言語的に規定して概念が作られ、その諸性質が解き明かされて、言語
で表現されて知識になる。ついつい言語的に明示されたものばかりに目
が向き過ぎて、その背後にある世界を忘れがちになってしまう。

　勉強するということは知識を得ることだと若い人たちは思うし、大人
も知識を得ることは大事で、知識を得ることによって問題解決ができる
と思いがちです。しかし、そういう態度では、自分の知識の外にある問
題には対処できないし、新しいものを生み出せません。

8.　教員養成ですべきこと

　以上のことを踏まえて、数学教員を養成する上で、何に気をつけたら
よいのかを述べたいと思います。

　先ほど述べたように、教員養成学部では理学部数学科出身の先生が多
いので、小学校教員を目指している学生だったとしても、卒業研究で難
しい純粋数学の本や論文を読まされることがよくあります。でも、それ
はある意味で1つのきちんとした学問体系を学んだということが教員と
しての自信になって、先生になったときに子どもたちとは違うんだとい
う自覚を持つことにつながるという人がいます。それも一理あると思い
ますが、下手をすると本や論文の輪講は論理を追うだけになりがちです。
論理の一手一手を追えました、公式を使ってこの式からこの式が導かれ
ることがわかりました、というだけではあまり意味がありません。

　論理的思考は大切だという人は多いけれど、人が作った論理を追える
だけではレベル低い。もちろん、論理の一手一手を追えなければだめだ
けれど、その論理全体が作り出している意味や価値をきちんと理解しな
ければ、まったく意味がありません。指導する教員は、論文の行間を埋
める作業の手助けをするだけでなく、そこに書かれていることの意味と
価値の理解を促すような助言をすることが大切です。

その一方で、教員になろうとしている学生たちに、自ら問題解決できるという自信を回復してあげたい。私は人間には数学的にものごとを理解・判断し、問題解決できる能力が生得的に備わっていると信じています。それはそのまま学問としての数学に対処できる能力ではないけれど、数学の教員になろうとしている人たちに、そういう生得的な能力の存在を自覚させて、数学をすることに対する自信を持たせてあげたい。その自信の上にいろいろな知識を乗せていかないと、円と楕円が相似になってしまうように、簡単に揺らぐし、崩れ落ちしまう。

その自信の回復を促すために、離散数学的な問題にチャレンジすることを薦めたいと思います。ここではあえて離散数学の問題と言わずに、「的」を付けました。離散数学は、有限で離散な構造を探求する数学で情報科学を支える数学の1つとされているものです。20年くらい前に現場の先生方に離散数学という言葉を知っているかと聞いてみると、誰も知りませんでした。しかし、近年では知っている方が増えてきて、ちょっと時代が動いたなと感じています。冒頭で紹介した放物線の軸を作図する問題は離散数学の問題ではありませんが、離散数学的です。

もう1つ自信回復の策として、『数学活用』（2012）の利用もお薦めです。「数学活用」は、いわゆる「ゆとり教育」の次のカリキュラムの中に登場した高校数学の新教科で、数学と人間の活動や社会生活における数理的な考察を行うことになっています。残念なことに、数学活用の授業は数パーセントの高校でしか実施されていません。個々の先生方は数学活用に興味を持ってくれますが、学校という組織となると従来的な数学の指導が優先されてしまい、数学活用を実施する余裕はないようです。ちなみに、数学活用の教科書は2社からしか出版されておらず、私は編集委員長を務めてその1つ（文献［3］）を編纂しました。その中には自分で問題解決するような問いかけがたくさん書かれています。数学アプリを使って実験する課題や離散数学的な問題も随所に書かれています。（数学活用の効用について、文献［4］を参照してください。）

第Ⅱ部　大学における数理科学教育

9. 離散数学的な問題

　拙著『基礎数学力トレーニング』[1] には、離散数学的な問題の効用に焦点を当てた話題がたくさん書かれています。その中では人間が生得的に持っている数学的な理解力や判断力を「基礎数学力」と呼び、それを自然に伸ばしていくような数学教育の在り方を提言しています。

　とはいえ、『数学セミナー』（日本評論社）という数学マニアを対象とする雑誌に連載した内容をまとめたものなので、一般の方が読むには少々難しいかもしれません。そこで、一般の方にも気楽に読んでもらえるようにと、『計算しない数学』（文献 [2]）を書き下ろしました。こちらは一日で読めると思います。『基礎数学力トレーニング』と同様に、そこには、数や数式の計算ばかりに頼っている数学のスタイルを批判して、人間がもともと持っている能力をそのまま使って営むことのできる数学があるということが述べられています。そのため、数学が得意だと思っている女子中学生が読むと、怒られているような気がするそうです。逆に、数学が嫌いだと思っている人が読むと、「やはりそれでよかったのか」と思うそうです。

　過去のいくつかの調査結果によると、小学校4年生くらいまではほとんどの子どもが算数好きなのだそうです。試験となるとよい成績が取れるわけではないけれど、授業中に落ちこぼれてしまう子どもは、低学年ではあまりいません。そうなのだけれど、自分は文系で数学が嫌いだと思っている大人は、過去の自分の記憶を今の自分で上書きしてしまい、子どもの頃から数学が嫌いだったと思い込んでいます。

　とはいえ、小学生のときには算数好きだったのに、中学校に入るとその気持ちが萎えてしまうような数学の授業ばかり。「数学って答えが1つだから好き」とか「問題が解けた瞬間がうれしい」と感じる人もいるけれど、先生に「いいから覚えてやれよ」と言われてしまって、だんだん数学に対する感動がそがれていきます…。

　余談になりますが、ある女子短大で授業をしていたときに、「私は中学に行ってから数学が好きになりました」と言っている学生に出会っ

たことがあります。彼女は、小学校のときには分数の計算の意味がわからなかったので、算数が嫌いになったけれど、中学に行ったら「意味なんか考えなくていいからやれ」と数学の先生に言われて、数学が好きになったのだそうです。

この女子学生は私の想定外ですが、たいていの人たちはもともと算数・数学の素敵なところがわかっていたのに、中学校や高校の数学の授業ではその素敵な部分が消え失せて、計算練習ばかりを強いられて、「こんな数学なんて嫌だ」と思うようになってしまいます。つまり、好きだったからこそ、嫌いになってしまう。本当に嫌いなことは口にすらしませんからね。

その数学の素敵なところは、答えが1つになるという潔癖さや正解に至ったときの感動もさることながら、数学は自分の判断で自由に考えてよいという点にあると思います。理科や社会の問題だったら、まったく自由に考えてよいわけではなく、それなりの知識を蓄えてからでないと正しい判断はできません。一方、算数は自分の理解に基づいて判断をしていい。専門的な数学ともなれば、それなりの知識の蓄積は必要ですが、数学的な事柄はすべて自分の判断を積み重ねて理解されるべきものです。とはいえ、多くの人がイメージするような数学の問題には、自分の判断に基づいて自由に試行錯誤する余地はほとんどありません。特に、入試問題はそういう傾向にあります。入試のときには好きなだけ時間が使えるわけではないので、やむを得ないことだと思いますが…。

一方、離散数学的な問題には試行錯誤する余地がたくさんあります。まず、いきなり一般論にチャレンジする前に、具体的な例を使って議論をする余地があります。具体的な例といっても、機械的に定義や条件を確認するだけの例もあれば、問題解決の原理が自ずと明らかになる例もあります。前者はあまり理解の助けにはなりませんが、後者は一般論に発展させていくことのできるよい例です。

そういう個別的な例を調べて、問題の意味が理解できたら、パラメータ付きの具体例で考察を深めるとよいでしょう。手始めに小さいパラ

第Ⅱ部　大学における数理科学教育

メータから順番に調べていくとか、数学的帰納法を使った証明を試みる
とか。原理を見抜いて、パラメータの値によらない一般的な議論が展開
できるかもしれない。さらに、パラメータで表現されていることに意味
がないことを見抜いて、抽象的な状況で考察できれば最高です。ここま
で来れば、もはやプロの数学者の域に入っています。このように、離散
数学的な問題は、いろいろなスタイルでチャレンジすることができるの
です。

　たとえば、放物線の軸を作図する問題ですが、その問題解決の基本的
な原理は方程式の解と係数の関係にあります。そう見抜いた私は、3次
関数でも同じようなことができるのではないかと考えました。さらに、
一般化して n 次関数のグラフが正確に描いてあるときに、x 軸と y 軸は
作図で求められるのかと考えました。つまり、パラメータ付きの具体例
を考察したわけです。残念ながら、いつでも軸の作図が可能なわけでは
ありませんが、私は軸の作図が可能となる条件を見出すことができまし
た。さらに、放物線だけでなく、楕円や双曲線からその軸を作図するこ
とにもチャレンジしてみました。

10.　数学者の反省

　このように放物線の軸を作図する問題を出発点として探求を続け、一
般的な状況を扱う定理を証明するに至ったわけですが、この程度のこと
を論文にまとめて専門誌に投稿したところで、アクセプトされることは
ないでしょう。だからといって、これを研究ではないと切り捨ててよい
でしょうか。

　数学教員を育成する立場にある数学者たちは、こうした探求を研究と
して意識してこなかったことを反省すべきだと思います。学部生には学
術レベルの研究は無理だからと研究をさせないのではなく、レベルにこ
だわらずに、学生の探求力や研究力を育成することを目的に指導する覚
悟を持つべきです。

　そういう態度で学生を指導すると、新しい公式や定理が証明できたと

訴える学生が現れるかもしれません。それがすでに知られているものだった場合、どういう態度でその学生に接するべきでしょうか。数学者としてはそれなりに先行研究にも目を配っているべきですが、そうしていない学部生を非難しても仕方ありません。私だったら、「残念ながら、その定理は知られているけれど、世が世ならそれは君の定理になる」とか「昔の天才数学者が発見したのと同じことを発見したんだね」と褒めてあげます。先行研究を調べることは重要だと主張する人もいますが、先行研究を調べることばかりに執着して、自分で考えることに臆病な人間を作ってしまっては意味がありません。

　また、自分でやったことの価値や意味を見出す態度も身につけさせるように指導するべきです。そのために、先行研究を調べるように促すことには意味があるでしょう。数学は論理的に正しければそれでいいわけではありません。人々がそこに意味と価値を見出せなければ、研究として評価されません。なので、まずは自分でその価値と意味を見出す努力をする必要があります。それができれば、レベルは低くても質の高い研究になります。

　もちろん、ゼミで本や論文を輪読しているときには、そこに書かれている論理を一つ一つ追うことは大切です。しかし、そこにとどまらず、何が証明の基本的な原理となっているのか、全体としてどういう構造になっているのかを見極める練習が大切です。それができないと、質のよい論文は書けないし、発表もだらだらと論理を追うだけでつまらないものになってしまうでしょう。

　ゼミでは論理を追う訓練と同時に原理や構造を見極める態度を育成し、論文作成のときには細かい論理を詰めていくのと同時に全体の構成を熟慮する態度を指導して、研究発表のときには自分が示した結果の意味と価値を要領よく述べるように指導する。昔は、ゼミだろうと研究集会だろうと、黒板にカリカリと計算しているだけの人たちもいましたが、パソコンのプレゼンテーション・ツールが発達している現在、それでは恥ずかしい。結果の要点を述べ、その意味と価値を示して聴衆に興味を

第Ⅱ部　大学における数理科学教育

持ってもらい、詳しいことは論文を読んでもらうというつもりでいれば十分です。ゼミも論文作成も発表も全部同じようなスタイルでやればいいと思っている人は反省してください。

　数学者には少々厳しいことを述べていますが、私も含め、日本の数学者が変わらないと、日本の数学教育は変わらないと思います。私たち数学者は、何でも自分で考えないと気が済まない子どもだったはずです。先生が言うことを鵜呑みにはせずに、自分で意味を考えていた。だからこそ、数学が得意になりました。知識に頼らず、自分の頭で考えることを優先する。そういう態度を貫いたからこそ、数学の研究者になれたはずです。そういう気持ちを思い出して学生の指導に当たるようにしていけば、よりよい数学教員養成が実現できるのではないかと思います。

【参考文献】

1. 根上生也，中本敦浩，2003 年，『基礎数学力トレーニング』，日本評論社.

2. 根上生也，2007 年，『計算しない数学 − 見えない"答え"が見えてくる』，青春出版社.

3. 根上生也，桜井進，佐藤大器，清水克彦，妹尾活也，中本敦浩，2012年，『数学活用』，啓林館.

4. 安野史子，西村圭一，浪川幸彦，根上生也，真島秀行，岡本和夫，小牧研一郎，2016 年，「『数学活用』に着目した試験開発の試み − 高大接続における評価を視野に入れて −」，『日本数学教育学会誌』，第 98 巻第 5 号，pp.12-23.

5. 根上生也，渡部禎郎，2016 年，「高校数学教育の負の影響」，『神奈川大学　心理・教育研究論文集』，第 39 号，pp.41-54.

第9章　科学技術人材と数量的リテラシー
——科学技術立国を支える基盤

桑原　輝隆

　私はどちらかというと研究面を中心にお話をさせていただきたいと思います。数理科学に関する政策的な話、3年ほど前まで行政の片隅で仕事をしておりましたので、現在に至る流れをご紹介します。例えば今日この場で文科省の課長さんがご挨拶をされて、数学にかかわる、あるいは数理科学にかかわるかなり多くの方々が集まるセミナーが開かれているわけです。これは実は結構画期的なことでありまして、20年前は全く考えられなかったのですね。もちろん数学者の方々が集まる議論の場というのは当然あったと思いますけれども、そこに行政がかかわる、あるいはもっと広い、いろいろな方々が参加するというようなものは、実は日本ではほとんどなかったのです。それが日本の大きい問題でありまして、だんだん改善されているとは思いますけれども、現在どのようなステージにあるのかということについての考えをお話させていただきたいと思います。

　数理科学に関するリテラシーは、科学技術行政の中で様々な議論が展開され深まっては来ましたが、ではそれで国民のリテラシーが上がったかというと、そう簡単にはいきません。こういう構造の問題なのですけれども、特に本日お集まりいただいているような、大学で数理科学教育に関わっている専門家の皆様にどういう方向でさらなるご努力をお願いするのがいいのかということが私の問題意識であります。そういう点を、この後基本計画との関係なども含めて議論したいと思います。それから私はこの10年ぐらい科学論文の分析というものを主な専門にしております。科学論文というものは、いろいろな研究者の方々が研究の結果としてお書きになるわけですね。全世界でどのくらい論文が書かれている

第Ⅱ部　大学における数理科学教育

かというのは正直よくわかりません。少なくとも 200 万件以上あること
は間違いありませんが、500 万なのか、1,000 万なのかわかりません。そ
のうちの 100 万件以上が毎年収集されて登録されるデータベースがあり
ます。全世界で 2 種類あるのですけれども、一つのデータベース、本日
の議論で使用している Web of Science というデータベースが大体 100 数
十万件、もう一つはもうちょっと大きくて 200 万件ぐらいが収録されま
す。そのうちの 7 ～ 8% が日本発の論文であります。こういうものなの
ですね。その分析をすることを私はずっとやっております。そういう論
文の数はどうか、どのような分野のものが書かれているのか。さらには
論文の質というものがなかなか難しい問題でして、何をもって論文の質
ととらえれば良いかということは、答えが出ない問題です。ただ、とり
あえずの考え方は、ほかの研究者からよく使われる論文というものは割
といい論文なのだろうと言うものです。これを引用の度合いと表現する
のですけれども、これで表される論文の質も含めた議論をさせていただ
きます。

　ただ、これは完全な質の指標ではもちろんありません。あまりに画期
的な論文というのはその時代のほかの研究者はまだ理解できないという
ことも当然あるのですね。ですから、ほかの研究者に使われない論文は
価値がないとは一概には言えません。時代がずっと経てば評価が変わっ
てくるという場合もあるのですが、とりあえず先ほどのような前提での
お話をさせていただきます。

　2000 年代に入った頃、私は当時科学技術政策研究所（NISTEP、現在
の科学技術・学術政策研究所）の一グループリーダーでしたけれども、
数学の問題を何かやらなければいけないという意識がありました。もと
もと私は科学技術庁の人間で、2001 年に旧文部省と合併して文部科学
省になったわけです。もともと数学に関心を持っておりましたので、何
か政策的な分析をやりたいと思っておりましたが、1990 年代の間は科
学技術庁の人間が数学の問題を議論するというのはほとんど不可能でし
た。まず大学を訪問しても、数学者の先生たちは煙たがって、あまり近

第9章　科学技術人材と数量的リテラシー

寄って欲しくないというような感じだったのですね。では、旧文部省の方はどうかというと、もちろん科研費などではサポートされていたのですけれども、特に数学に注目した動きがあったかというと、実はそうでもありません。これを始めたころに愕然としたことがありました。アメリカ政府のお役所にいろいろな局とか課とかがあります。そのディレクトリーを検索しました。そうすると、アメリカのワシントンDC、いろいろな省庁がありますけれども、数学と名前がついた課が山ほどあるのです。もちろんNSF（National Science Foundation）にありますし、商務省にもありますし、NIH（National Institute of Health）にもあります。国防総省にもあるし、陸海空軍の3軍にもあります。東京の霞ヶ関、一つもありません。今でも一つもありません。課としては、残念ながら。それに替わる新しいユニットという形態の組織が発足していますけれども、行政の基本となる課という形では数学に取り組んでいなかったというのが当時の状況だったのですね。

　いろいろ数学界にもご協力いただいてキャンペーンをしまして、若干コトラバーシャルな「忘れられた科学」というレポートを出しました。忘れられたというのは霞ヶ関に忘れられたということだったのですけれども、最初は数学者の先生方が「俺たちは忘れていない」とすごくお怒りになって困りました。そういうものを出したりしてだんだん関心が高まりました。その流れの中で、2006年からスタートした第3期の科学技術基本計画、ここでようやく数学とか数理科学への言及が多少なされるようになってきました。実は行政の中ではこういう基本的な計画文書の中に数学とか数理科学という言葉が明確に書いてあるということは結構大きいことです。なぜかといいますと、先ほども課長が今財務省との概算要求作業中と話されていましたけれども、書いていないと財務省に「おまえらが作ったマスタープランに書いていないものをやる必要はないじゃないか」と叩かれて、入り口でアウトになるのです。ですから、ちょっとでも書いてあるということは、まずその最初の関門を通過するという意味でとても重要なのですね。それがようやく入るようになりま

139

第Ⅱ部 大学における数理科学教育

した。

2011年からは次の第4期の科学技術基本計画のフェーズに入るのですけれども、その時期になると先ほど申しました数学を担当する部局として、課よりもうちょっと格上の数学イノベーションユニットというものが文科省の研究振興局にできたりしまして、だんだん体制が整ってきました。第4期の基本計画でも、本文中に数理科学と書いてあります。こういう言葉が入ってくるという変化が起こってきたわけです。

さて、リテラシーの問題に移ります。これは一般教養として数理科学がどの程度理解されているかということで、このジャンルでは私は専門家ではないので、過去のものを調べるとともに、幾つか教えてもらいました。一つ面白かったのは、皆さんよくご存じかもしれませんけれども、2012年に数学会が実施された大学生の数学力の調査というものがあります。全国の国公私立48大学約6,000人の大学生にいくつかの数学の問題を解かせたということなのですね。これからお見せする平均の問題、それから論理構造の問題なのですけれども、そういうものについて誤答率がかなり高くて問題がある、というのが数学会の見解だったということです。

これが具体的な問題でして、どこかの中学生100人の身長の平均が163.幾つだったと。これはどういう意味で、ここからはっきり言えることは何かという問題です。この平均より高い子と低い子が50人ずつだとか、100人の身長を足すとその平均掛ける100になるとか、10cm毎に区分けすると、この区間が一番多いのだ、などがあげられています。このうち確実に言えることはどれか。これは2番目なのですけれども、これの正答率が76%、逆に4人に1人は間違ったと言うことです。これはちょっと衝撃的です。この問題を間違えるということですね。

次はもっと誤答率が高くて、公園に子供が集まっていて、男の子も女の子もいます。帽子をかぶっていない子供はみんな女の子です。スニーカーを履いている男の子は一人もいません。この条件を与えられたときに、この3つのうち確実に言えることはどれか。男の子はみんな帽子を

140

第9章　科学技術人材と数量的リテラシー

かぶっている。帽子をかぶっている女の子はいない。帽子をかぶってい
てスニーカーを履いている子供は一人もいない。これは65％の正答率で
すね。3人に1人ぐらいは残念ながら間違いだったのですけれども、た
だ、正直第1問はできないと困るのではないかと思いますけれども、第
2問は私もよく考えないとわからなくて、要するにこれは国語力が非常
に要求される問題です。画面にぱっと見せられて10秒で答えろと言わ
れたら、わからないなと思いました。

　科学技術政策研究所の細坪さんという上席研究官の方に教えてもらっ
たのですけれども、NISTEPで2016年の3月に同じ質問をインターネット
で調査したそうです。これは大学生だけではなくて、いろいろな世代の
人が入っています。回答者母集団は3,000人で、皆さんご存じと思いま
すけれども、インターネット調査というのは非常にコストが低く迅速に
できるのですけれども、ただ、母集団が偏るという弱点があります。国
民からランダムサンプリングするわけではありませんので、偏った母集
団になり、それからいろいろな属性情報が自己申告ですから、どこまで
当てにしていいかということもあり、少し斜めから読む必要はあります。
ただ、昨今いわゆる世論調査で家庭を訪問するような調査というのは次
第にやりにくくなっていますので、もうこれでいくしかないのですね。

　そうしますと、先ほど平均の問題、4年前大学生は76％でしたけれど
も、このネット調査の正解は56％です。それから、公園で遊んでいる子
供の問題は、過去65％正解だったものが今回45％、半分以上の人が間違
えたということです。ネットの画面で質問されて、制限時間はないので
すけれども、半分ボランティアで答えているものですから、そういう点
を考慮する必要はあると思います。この回答者にはいろいろな属性の人
が入っているので、学歴別、これも自己申告ですけれども、学歴別で分
けたらどうかということで見ますと、大学卒以上だと正解率は上がりま
す。ただ、4年前の学生調査よりは低い。修士以上に絞るとはまた少し
上がるし、博士はまた上がるのですけれども、博士でも命題のほうは半
分が間違えているということなのですね。

第Ⅱ部　大学における数理科学教育

　ほかにもいろいろな質問をしているので、それらの質問との関連性をも見ています。そうしますと、よくあるパターンなのですけれども、「小中学校のころに算数や数学が好きでしたか」という質問で、「とても好きだった」という人はやはり正答率が高い。好きこそものの上手なれですね。それから「あなたは科学技術に関していろいろと関心がありますか」という質問で、「とても関心がある」という人の正答率はやはり高くて、「そのようなことには興味がない」という人の正答率はかなり下がります。こういうことがわかりました。

　ここでちょっと論ずべき問題点といいますか、ポイントがあると思います。誤答の多さはもちろんゆゆしき問題だとは思いますけれども、では大学生の4分の1が平均値の概念がわかっていないとして、それを何とかするのが大学の重要なミッションだと言うことになるのでしょうか。リテラシー論で一般の方々が議論するとここに行きがちな気もします。私は、これは大学としては仕方が無いと思います。大学の問題では無くて、それ以前の教育の問題ですから。今回の質問のことはもう取り組まれているとのことで、できることはやったほうが良い思いますけれども、小中高の教育の問題点のリカバリーに、大学が大きな力を傾けるのはそもそもおかしいし、もっと全体で考えるべき問題なのだろうと思います。

　そうしますと、この後データからご紹介しますが、もっと専門的な数理科学のリテラシーをどう上げていくのかということが大学として重要なのだろうと思います。これに関連して、私の実体験で昔から何でだろうと思っていたことをお話しさせていただきます。もともと私は、コンピュータサイエンスを学んで修士まで行ったのですけれども、研究者を目指すかどうか考えたときに、3回、4回読んでやっと少しわかるような論文をあと2、3年博士にいて書けるようになるとは全く思えなかったので、もうあきらめてさっさと公務員試験を受けて役所に入りました。その後疑問に思っていた事があります。数十年前から、情報科学に関わる産業が国の命運を決めるような重要な産業であるという認識は、間違いなくすべての官庁で一致していました。私もそう思っていましたし、現

第9章 科学技術人材と数量的リテラシー

実にそうですよね。しかしながら、日本の主要な国立大学で情報科学の研究科が大学院のコースとしてきちっとまとまって、一定のスケールを持つファカルティとして整備されたのは、2000年頃です。わずか十数年前です。その前にももちろんあったのですけれども、工学部の数理工学の中にそういう先生が何人かいて、情報工学の中に何人かいて、理学部にも情報系の学科の先生がいて、いろいろなところにいてトータルすればそこそこ人数があっても、まとまった単位ではなかったのですね。

しかし、アメリカの研究大学を見ると、もう1980年頃、日本より20年位前にコンピュータサイエンスというファカルティが主要研究大学に設置されていいます。この差がその後の日本とアメリカに大きな影響を与えたのではないかと最近思うようになりました。アメリカのシリコンバレーでビル・ゲイツをはじめとするアントレプレナーが数多く誕生しました。よく知られているのは、ビル・ゲイツは大学中退で、PhD、ドクターを持っていない。そのイメージが強いのですけれども、ビル・ゲイツ自身はそうなのですけれども、ビル・ゲイツを支えたサイエンティストやエンジニアはPhDを持ったバリバリの研究者、技術者だったのですね。マイクロソフトなどの新しい企業に採用されて能力を伸ばし、同時に企業を成長させた。要するに、大量の高度なプロフェッショナルをアメリカの大学は提供したのです。

ところが、日本の大学は、なかなかそうはならなかった。その結果、何が起こったかというと、日本のソフトウエア産業では、プログラマーとして人文系の大学卒業生を大量に採用して、半年間ぐらいプログラム教育をして、それで即戦力化することが一般的でした。そういうタイプの仕事ももちろんあると思いますが、重要なのは新しいソフトのコンセプトを考えてツールを作ってそれを売るみたいな、そういう仕事が世の中を変えていくと言うことです。こういうタイプの産業については、ゲームを例外として、日本は全く競争力が無かったと思います。その1つの要因が、十分な人数の高度な専門家が大学から供給されなかったことです。ある情報ベンチャーの社長さんがネットで書いていたので、

143

第Ⅱ部　大学における数理科学教育

はっきりとしたエビデンスはないのですけれども、同じようなことでして、要するに自分たちが採用したいのは、いろいろな言語でプログラミングができる学生ではなく、次のプログラミング言語を設計して開発できるような学生が欲しい。採用したくてもそういう学生が日本の大学からはあまり出てこない。それが問題だとおっしゃっていて、ああ、やはりそういうことを考える方がいらっしゃるのだなと思いました。そういう意味で次の時代に向けて十分な量のスペシャリストを作っていくということが重要なのではないかと考えています。

　今年からスタートした第5期の基本計画は、新しい社会を目指すというコンセプトになっていまして、超スマート社会という社会像を想定して、それに向けてさまざまな分野の基盤技術を高めて日本の競争力を上げていこう。こういう構想になっています。文部科学省のホームページから幾つか持ってきたのですけれども、いろいろなマッピングがあって、細かいところは私も十分理解できていませんが、要するにイノベーティブな研究を担えるような人材、組織を作っていかなければいけないと述べられています。ただ、こういうマッピングで、どういう分野に力を入れるべきなのか、どの分野ももちろん大事だと思いますけれども、全部均等にやっていると、なかなか効果が出ないのですよね。そのような重点化の方向性があまりはっきり書かれていないという印象でした。私はもちろん、数理科学が中心にならなければいけないと思っています。

　実際に、社会への実装をしていく上でも、いろいろな技術があって、それをいろいろなアクターが協力し合って高めていくということになります。超スマート社会とは、多様なデータを駆使して一人一人別々のニーズにうまく対応できるような社会ですね、それを作っていくためにはやはりこの数理科学及びその周辺領域、これがとても重要なのではないかと思います。

　人材面についても、学部学生のレベルから修士レベル、博士レベル、ポスドクレベル、さらに研究者レベルの観点から書かれています。この超スマート社会を実現する上で私が特に重要だと思うのは、この博士以

第 9 章　科学技術人材と数量的リテラシー

降のハイレベルの研究者や専門家をどう大量に育て、社会で活躍しても
らうかというところだと思います。なぜかというと、80 年代、90 年代の
日本が活躍してきたものづくりというのは、ハードウェアの世界ですね。
これはいろいろなすり合わせが最後にものをいうので、力を発揮するた
めにはそこにかかわるさまざまな人たちの平均レベルが高いということ
が特に重要だったと思います。一方、情報技術やソフトウエアの世界と
いうのは、生産性も何もまるで違っていて、一人の超優秀な人が並みの
人 1,000 人以上の仕事ができてしまう、ということが往々にしてありま
す。学問というのは大体そういうものですから、その一人がいるかどう
かが勝負であって、平均値の高い 1,000 人が 100 人に勝てるかどうか、そ
ういう世界ではないのですね。ですから、やはり高レベルなスペシャリ
ストをどうやって育成するかが重要なのではないかと思っています。

　そこで、冒頭申し上げました論文の話を幾つかご紹介しますけれども、
数理科学の論文を日本でどこが生み出しているかというと、当然大学で
す。国立大学が全体の半分強を占めていて、続いて私立大学、という構
造になっています。日本の大学が数理科学論文を生み出しているのです
けれども、海外と比較してどうなのか、あるいは国内での他の分野との
バランスや連携はどうなのかということについて概観していきます。

　これが日本の場合で、4 行 4 列の表になっていますけれども、上の行に
行くほどよく引用される論文をたくさん出している大学なのですね（図 1）。
あえてよい論文と言います。下の行にいくとあまり引用がない。それか
ら、列は左のほうがたくさん論文を書いている大学です。全世界での
シェアですね。もっと論文数が少ない大学や引用度の低いところもあり
ますがそれは省略してあります。このような全体像で、ここに京都大学
が位置し、ここに東京大学や東京工業大学があります。このような感じ
なのですね。

　同じマッピングをドイツの大学でも行いました（図 2）。ドイツの大
学はご存じのとおり州立大学ですから、大規模な大学はあまりなくて、
大学全体の規模で見ると中規模が中心です。けれども、数理科学の論文

145

第Ⅱ部　大学における数理科学教育

数が多いカテゴリーに2つ入っていて、かつ日本と同じスケールで見ると論文の質の高い一番上段に山ほど大学があります。ですから、ドイツでは多くの大学がいい論文を相当数生み出していることがわかります。日本のマップでは登場する大学は結構まばらなのです。ドイツはもちろん人口で言えば日本より小さいですから、この辺で絶対数でも日本はまだまだ足りないのだなと言うことが見えてきます。もちろん質の問題もあるわけですけれども。

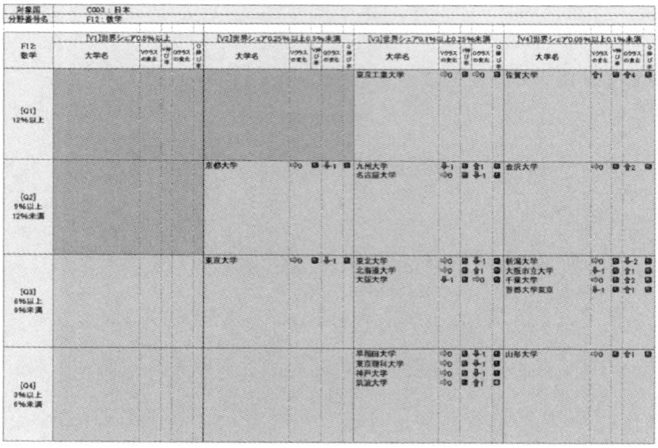

図1　大学マッピング日本（数学）

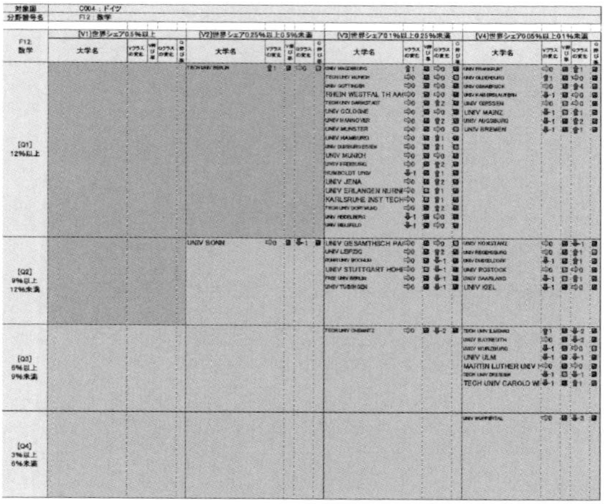

図2　大学マッピングドイツ（数学）

第9章　科学技術人材と数量的リテラシー

　数学をもっと細分化した場合のマップもあります。これは数学の中の
応用数学ですね。応用数学のマップでも日本の大学はやはりまばらです。
学際的な数学ではもっとまばらになります。残念ながら。北原先生から
お話があった統計についても、他の数学分野と変わらず、まばらな状況
ですね。

　いろいろな科学をこれから進めていく上で、数学あるいは数理科学
がどういう意味を持つのかということを論じたいと思います。これは
2009年に九州大学が実施した調査です。いろいろな分野の研究者に数
学・数理科学的な情報が役だったことがありますかと聞くと、半分くら
いがそういう経験があると答えています。近い将来、あなたの分野で、
これは生命科学も含めたいろいろな分野ですが、あなたの研究にとって
数学・数理科学のいろいろな知識が必要になる場面があると思いますか
と言う問には、3分の2がありそうだと答えています。では、数理科学
とあなたの分野との関係は今のままでよいのか、変えないとまずいのか
という質問をすると、もっと強化しなくては日本の研究が危ないという
意見がやはり3分の2で、現状に満足していないということですね。

　それから、企業にも聞いています。この10年くらいで幾つかの大学
の数学系で産業との協力の取り組みが様々に展開されておりますので、
少し改善されたと思いますけれども、この時点では数学をバックグラウ
ンドに持つ人を採用しているという会社はまだごくわずかでした。アメ
リカは大違いでして、統計も含めてですけれども、大量の数学専門家が
産業に雇用されており、かつ最近どこかのジャーナルの記事がありまし
たけれども、アメリカの職業別の平均所得の上位に数学専門家が入って
います。日本ではそういうデータはなかなかないのですけれども、残念
ながら多分トップ10には入らないかなという感じがします。

　研究者アンケート結果のまとめとして、いろいろな分野の研究者が数
学あるいは数理科学に期待をしているということが見えてきたというこ
とです。

　続いて別のデータをお見せします。これからご覧いただくのは日本の

147

企業の研究者が書いた論文のデータです（図3）。その中には当然企業だけで書いたものもあれば、企業と大学が協力したものもあれば、海外の研究者と協力したものもあるかと思います。グラフの赤線が企業の論文で、青線が日本全体ですね。緑線が企業の論文の国内シェアで、1990代前半にピークがあります。90年代の初めに日本全体の20％近いシェアに達してピークアウトして、その後は企業の論文数、論文シェアも落ちる一方で、最近のシェアは10％ほどです。ただ、このこと自体は日本に限らず世界的な傾向です。もう少し詳細に見ると、このグラフの赤線は企業だけで書いたものです（図4）。紫は企業と日本の大学の共著、そうするとここでクロスしています。90年代の末ごろですね。即ち、80年代には70％以上の企業論文を企業だけで書いていました。大学との共著は30％以下だったのですが、最近では企業が著者になっている論文の70％近くは大学との共著です。ですから、企業と大学の関係が大きく変わっているのですね。

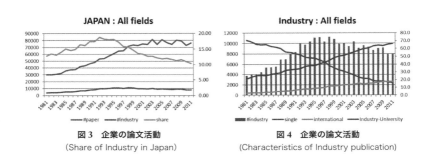

図3　企業の論文活動
（Share of Industry in Japan）

図4　企業の論文活動
（Characteristics of Industry publication）

　このような変化が起こった原因はいろいろ考えられます。もちろん企業が中央研究所ブームで論文執筆を奨励していた時代もあれば、中央研究所の終焉ということでアメリカではもっと早くから顕在化していましたけれども、大学や公的機関との連携でモノづくりをせざるを得なくなってきました。そういう流れも反映されていると思います。
　面白いのは、この大学との関係の変化が分野によって違うことです。

第 9 章　科学技術人材と数量的リテラシー

まず化学、材料科学は全体の変化とほぼ一緒です。物理も平均的です。計算機科学・数学では大学との共著が企業のみの論文に追いつくのが遅くて、2003 〜 2004 年になってようやく逆転します。工学も同様に遅い方です。その一方で実は早い分野もあります。臨床医学はもう 80 年代初めから大学との共著の方が一貫して多いという状況で、最近では 80% 近くになっています。ライフサイエンスも割と早く 80 年代後半には大学との共著が過半となっています。従って、数学とか計算機科学に見られる数理科学は、ほかの分野に比べて少し遅れて企業と大学との協力が増えてきた分野であるということが言えます。

　次は論文を生み出す研究チームの構成がどのような特徴を持っているかのデータです。

　アメリカと日本を比較しました（図 5）。両国の論文から引用度の高い論文を抽出して、その著者への質問票調査を行いました。上段は物理・工学系であり、下段は生命科学・臨床医学系です。論文を生み出した研究チームのメンバーがどのような専門性を持っているかが一つのポイントです。当然お医者さんだけで固めた医学チームが生み出した医学論文もあれば、医者もいるけれども、例えばエンジニアや数学者も入ったチームで医学論文を書いているというケースもあると考えられます。その比率を日米で比較しています。上段の物理工学系は一番右の薄い水色のところが単独、即ち特定分野の専門家だけで構成されているチームの比率です。アメリカの 53% に比べて日本は 66% が単独です。医学系ですと、アメリカ 38%、日本 66% なのですね。日本は単独分野の専門家のみで取り組んでいる場合が多くて、いろいろな分野の人が混ざって研究するという状況はアメリカに比べるとだいぶ少なくなっています。

149

第Ⅱ部　大学における数理科学教育

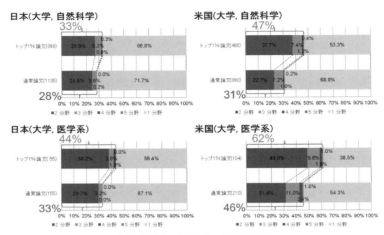

図5　研究チームがカバーする専門分野

　それをビジュアライズしたものがこれでして、基礎生命科学の場合にどうかということで、日米で400ほどの論文を生み出した研究チームのメンバーがどんなバックグラウンドを持つ研究者かということを図にして関係性を示しています。ここに数学系研究者がいるのですけれども、日本は全体の3%、一方アメリカでは約10%存在しています（図6）。この図で専門間の線が太いのは協力関係が強いという意味なのですけれども、日本の数学系からは細い線しか出ていないのに対して、アメリカの場合、数学系から基礎生命に太い線があります。もっとドラスティックなのが次の臨床医学でありまして、ここに臨床医学の大きな専門家集団がいるのですけれども、アメリカの場合は20%を占める数学系とこんなに太い線で結ばれています（図7）。日本では数学系は1.9%にとどまり臨床系との間には細い線しかありません。ということで、臨床医学分野のアメリカの研究には数理科学の専門家がかなり深くかかわっているということが言えます。

第9章　科学技術人材と数量的リテラシー

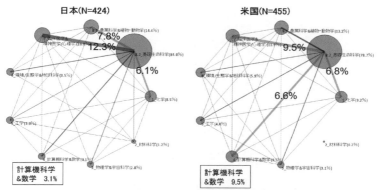

円の面積はそれぞれの専門分野を持つ研究者が研究チームに関与している割合、線の太さは異なる専門分野間の組み合わせの頻度。

図6　研究チーム内の共著パターン（大学・基礎生命科学系）

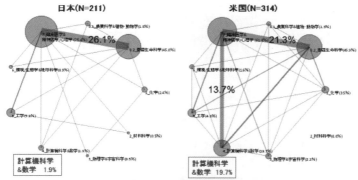

円の面積はそれぞれの専門分野を持つ研究者が研究チームに関与している割合、線の太さは異なる専門分野間の組み合わせの頻度。

図7　研究チーム内の共著パターン（大学・医学系）

　実はこれは臨床医学の論文の質の問題とも関わっていると考えられます。日本の臨床医学は実は論文の質でいくとあまりほめられたものではありません。それはデータベースではっきり出ています。化学や物理学ですと、世界のトップジャーナルに日本の研究者の論文がたくさんあるのですが、臨床医学では世界のトップジャーナルに占める日本の比率はごくわずかしかありません。ごくわずかにとどまっている一つの理由が、

第Ⅱ部 大学における数理科学教育

統計面の弱さであると指摘している専門家もいます。アメリカの場合ですと、主要な大学の医学部には統計の専門家がちゃんと配備されているそうです。臨床研究ですから薬の効果などを調べる論文を書くわけですね。そうすると、やはり統計的な検討がきちんとできていないと、意味がないわけです。統計専門家の指導や支援協力のもとにきちんと取り組むことがアメリカの研究体制なのですけれども、日本はそこが弱いままになっているようです。例えば、研究自体は有意義で面白い結果が出ていても、サンプリングなどの調査設計が不十分なために、最初のスクリーニングでリジェクトされてしまうケースが大変多いそうです。

　次に、世界の科学全体の中での数学の位置づけを概観します。これはざっくりとした分析ですけれども、データベースでmathematics、数学という表現があらわれる論文が何パーセントぐらいあるかというものを見たものです。2000年からの5年間、全世界の論文で"math＊"というキーワードが出てくるのは1%ぐらいです。さらに10年たつと1.3〜1.4%ぐらいになります。残念なのは、日本の論文だと0.5か0.6%ということで、世界の半分ぐらいしかないのですね。これはもちろん数学に限らず、医学を含む全分野の論文での比率になります。ですから、キーワードとしてあらわれる数学的な要素が国際的には増加基調にあるが、日本論文では少ないということが言えます。

　今まで大学単位の話をしてきました。私も大学に移って、今いる政策研究大学院大学は非常に規模の小さい国立大学で、通常の国立大学の1学部よりもスケールは小さいのですけれども、大学というのはミッションと構成員が多様で有り、なかなか難しい世界だと感じます。そういう非常に多様性のある大学のパーツが積み上がっての1つの大学全体のパフォーマンスが形成されており、それを大学間で比較しているだけでは実は何を見ているのかあまりはっきりしないという感じがしています。そこで、大学の論文を学部研究科別に分類するという大変面倒くさい作業に取り組んでいます。これはちょっと古いバージョンで、新しいバージョンはまだ作業中でお示しできないのですけれども、東大、北大、阪

第 9 章　科学技術人材と数量的リテラシー

大、東北大の 4 大学についていろいろ試みました（図 8）。

　4 大学とも理学部があります。理学部がどのような分野の論文を書いているかを示しています。左から東大、大阪、東北大、北大で、棒グラフの一番下の青が化学です。東大の理学部では化学論文の比率は大きくありません。一方阪大では大きな比率になっています。次が物理です。東大はいわば物理主義です。物理の比率が非常に高いです。ほかの大学も物理は多いのですけれども、東大ほどではありません。一番右の北海道大学ではほかの 3 大学に比べると物理の比率はかなり小さくなっています。それから、次の紫の部分が基礎生命科学で、緑が環境科学なのですけれども、東北大は環境が多くて、北大は生命系が多いというように、主要国立大学の同じ理学部といってもやはり相当違うということです。

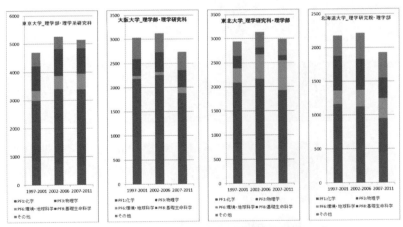

図 8　4 大学の医学部・医学系研究科の分野比率（分数カウント）

　3 番目のグラフは模様だけ見ていただければいいのですけれども、今申し上げた 4 つの大学が生み出す数理科学の論文、即ち数学と計算機科学、これをどの学部研究科が生み出しているかをカウントして、その学内のシェアをグラフにしました（図 9）。上段が東大の結果で、左から 1997 〜 2001 年、2002 〜 2006 年、2007 〜 2011 年の各 5 年間の平均を

153

第Ⅱ部　大学における数理科学教育

時系列で示しています。模様を見ていただくと、東大では、時間経過とともにいろいろな組織が加わっています。それに対して割とシンプルなのが北大のシステムですね。理学部が中心という傾向が一貫しています。阪大とか東北大は、2番目の区間で変化が起こっています。多分学内の組織変更によるものだと思いますけれども、工学部・工学研究科の学内シェアがちょっと落ちて、情報科学とか、あるいは理学部の比重がだんだん高まっているという変化が見られます。主要国立大学においても数理科学にどういう体制で取り組んでいるかという状況は随分異なっており、また時間とともに変化しています。

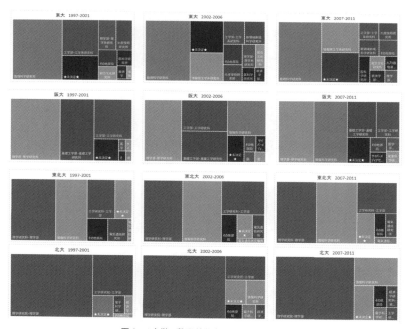

図9　4大学の数理科学論文の部局別シェア

以上ご紹介したように、こういう細かい面も丁寧に見ていく必要があるということが論点であります。最後のまとめなのですけれども、今申

第9章　科学技術人材と数量的リテラシー

し上げたようないろいろな研究を支える、新たな領域などで高度な専
門性を有する人材をどう育てていくのかが最大の課題です。日本の場合、
新分野の博士コースを作って専門家育成を始めますが、課題が多いので
すよね。就職先が限られるのです。企業は採ってくれないし、大学教員
ポストは伝統的なジャンルに押さえられてしまっているので、新コース
が入る余地がありません。一方アメリカではチームだけでなく、個人
もマルチディシプリンになってきているのですね。要するに数理科学の
バックボーンを持つのだけれども、それに加えて何か医学など他の分野
の専門性も併せ持つマルチの専門家を作っていくということがこれから
必要なのではないか、と考えているということを申し上げて終わりにし
たいと思います。

第Ⅲ部

文系学問と数理科学教育

第10章 社会学における数理科学教育の現状と課題

盛山 和夫

　社会学を専門にしております盛山と申します。今日のシンポジウムの副題が文系基礎学、市民的教養としての数理科学というテーマになっておりますが、その文系基礎学という点で文系の学生ないし文系の学問の中で、数理科学教育をどう考えたらいいかという問題に関しては、ある意味では社会学というのは、取り上げるのに一番ふさわしい学問かと思います。文系の中には、社会学以上にもっと純粋に文系の学問というのがありまして、文学ですとか、哲学の中には若干数学もありますが、文学部の中ではやっぱり大多数は数学とは無関係な学生が圧倒的多数です。そのなかで、文学部の中でも心理学と並んで、社会学は若干数学に関わっていると言えます。

　まずまとめ的にいうと、社会学という学問には、数理科学に関わるルートが二つあります。そこに書きましたように、一つが社会調査法に関する教育で、もう一つが数理社会学という学問がありまして、その教育ですね。

　社会調査法については、大体どんなことをやっているかというのはご存知だろうと思いますが、社会学に取りましては、二つの意味で重要となっています。一つは社会学という学問の方法という位置付けが当然あります。社会学が哲学との関係で実証的学問ということを自覚するようになってから、様々な社会調査を実施して、そのデータを分析する中で研究を進めているという研究スタイルが確立してきます。特に戦後ですね、アメリカの影響もありまして、日本でも社会学の根幹が社会調査であると。ですから、東大を初めとして、国立大学系、他の私大も含めま

159

第Ⅲ部　文系学問と数理科学教育

して、社会学の学問の必修の中に社会調査というものが位置付けられるという伝統が確立いたしました。それから、もう一つ重要だと思いますのは、先ほどのこの数理科学の市民的教養という概念とある意味で重なり合うんですが、社会調査というもの、そして社会調査に基づく統計データ、先ほどから様々な統計データが言及されておりますが、そういうものが市民生活にとって基礎的なものだという位置付けだということです。つい最近10月1日をめどになされた国勢調査を中心とする政府の基幹統計等々。これらは行政政策決定の基盤をなしているということはもちろんです。他に世論調査もあります。それらが今日の社会の運営と仕組みの根幹と言いますか、それなくして社会を運営できないということになっているのは誰でも知っていることです。ただここに書きませんでしたが、実は今日社会調査っていうのは非常に困難を極めておりまして、国勢調査の拒否率が東京都あたりだと1割ぐらいあるというような状況です。統計の重要性がうたわれる一方で、実はデータ収集に関しては大変難しい状況があるということも強調しておかなくてはいけません。

　さて、実は社会学の社会調査法教育というのは、日本の場合かなり基本的には充実しております。先ほども言いましたように、ほぼ必修化しておりますので、これを取らないと卒業できない。ただ、私は定年まで東京大学で社会学を教えていて、現在関西学院大学におりますが、社会学教育と言っても、私大と国立大学では色々と違いがあります。その違いをもろに味わいながら、文系教育というものを考えなくてはいけないんですが、今必修と言いましたが、例えば関西学院大学の社会学部では1学年650名の学生がおります。それで、実は社会調査法は必修化されておりません。ほぼ不可能です。必修化したら何人留年、卒業できない学生が出るか、危ないわけですね。それに対して東京大学の方は必修化しておりました。ただ、私が担当している時はいろいろと工夫して、社会調査法が取れないので卒業できないという学生はないようにはしていました。多分最近もそうしていると思いますけれども、そういう問題があるんですね。

160

第 10 章　社会学における数理科学教育の現状と課題

　社会調査法の場合、ご存知のようにそこに書いてあるような形で数学が関わってくるんですが、現在それに加えて、実は社会学系の学部とか学科を中心に、社会調査士制度というものを 10 年ぐらい前から作りまして、現在この社会調査士制度に基づく社会調査教育というものが、日本のほとんどの大学で、その中の社会学系の学部においては遂行されております。中身はそこに書いたようにそんなにたくさんのことを教えているわけではないんですけれども、A から G までありまして、このうち数学は C、D、E と、段々と難しくなってきます。E が一番難しい。多変量解析を教える科目なんですが、社会調査士の制度では、この E 科目と次の F 科目はオプショナルであって、E が必須にはなっていないという制度設計になっております。最初にこの制度設計をする時に、私はその時まだ東大にいて、私大の先生方と一緒に設計をしようとした時に、E 科目だって当然、必修にしておいていいとその時は思っていたんですが、強固な反対がありまして、このようにしたという経緯があります。F というのは質的な調査についての科目で、これも実は社会調査の中でもう一つ大きな柱となっているものです。これを一つ他に用意することで、多変量解析系のものと、それから質的な調査というものを、オプショナルに併置する。どちらか一方だけを取ればいいという形で、従って多数の学生が履修可能な構造にしようというふうにしております。

　もう一つ、市民教養という観点から重要だと思っておりますのは、G として位置付けてある科目です。いわゆる実習ですね。社会調査実習。これは社会学が学問として発展する中で、単に量的な分析だけではなくて、ご存知のようにかつてですと農村調査とか、家族調査ですとか、そういう類の研究が非常に盛んに展開されてきたことを踏まえています。社会調査実習は、現在でも社会学に限らず、例えば文化人類学ですとか、民俗学ですとか、そういう社会学に近い学問分野で、大変重視されている教育法なんですね。人によっては海外に行くぐらいであります。毎年夏に学生を連れて、海外で社会調査実習をやるという先生もいたりします。これは、データをリアルな社会の現場でもって捉え直すという経験

第Ⅲ部　文系学問と数理科学教育

をするという意味を持っていると思います。社会調査の中で数学的な側面と、それからリアルな現地調査の側面と両方あるというのは、総合的にいい意義を持っているかなと思っているところなんですね。

　この社会調査士制度が、社会学系の数理科学教育に非常に重要な役割を現在担っております。そこに書きましたように、これは概算ですが、大雑把に言いまして、日本の大学で社会学系の学部とか学科に在籍している学生は、1学年あたり大体1万人前後かなというふうに推測しております。1万人前後のうち、毎年2,700名から2,800名ぐらいが、この社会調査士という制度の資格を取っています。ということは、先ほどあげましたこのE科目はそれほど多くないかもしれないけれども、それ以外のものは大体履修しているということです。その中の、先ほどのC、Dの科目。Cがいわゆる記述統計学ですね。それからDが推測統計学で、Dになると検定の話とかが出てきますから、正規分布とか、そういうことを理解しなくてはいけないんですが、そういうことを理解したはずになっているという状況であります。そういう形で、社会学の中では一定程度、特に先ほど述べた現代社会を構成している大変重要な、私は社会インフラだと言っていいと思いますけれども、その社会調査に基づく統計データについては、一定のリテラシーというものを教育するということになっているかなというふうに思います。

　さて問題は、先ほどから言っていますように、文系学部での数理教育。分数が分からないという学生は、私どもが教えている限りでは、まだ見たことはありませんが、Σが分からないというのは文系学部にはいっぱいおります。指数関数、対数関数は全然知らないという学生はいっぱいおります。従って、そういう指数関数、対数関数を知らない学生に、標準正規分布の数式を提示して理解させるっていうのは、かなり時間がかかるんですね。コマ数から言ったら、そんなに時間をかけられないんですけれども。

　ただ、高校時代に対数関数、指数関数の基礎みたいなものを必ずしも受けていないというのは変わらないのですが、2、3年前から高校にお

ける数学教育の構造が若干変わって、データ分析というのが入ってきたのは大変プラスではあります。しかし、データ分析といっても非常に簡単な授業のようです。数学Ⅱぐらいになってくると当然指数関数とか入りますが、文系学生は数学Ⅰだけを履修してくる学生が圧倒的に多数です。データ分析という授業をとっても、指数関数などは勉強していません。数学Ⅱ以上を履修していることを前提にして大学で授業をするというのは、文系ではほとんど不可能という状況ですね。

　さて、数理社会学というのは、社会学の中では社会調査教育以上に数理科学というものにもっと基盤を置いている学問でありまして、それを教えるということも私たちはそれなりに一生懸命やっているんですが、残念ながらこれから紹介しますが、社会学という学問全体にとりましては、数理社会学という学問は非常に少数と言いますか、ごく小さな分野を占めるに過ぎないというように認めざるを得ません。実は先ほど紹介頂きましたこういう本を出したのも、数理社会学という授業がそれなりにはあるので、そういう授業というのを念頭に置きながら作ったということが一つあります。それから実は英語で入手できる数理社会学のテキストっていうのはあまり大したものがなくて、それに対して案外と日本の数理社会学のテキストは非常に多いんです。あまり売れてないかもしれませんが、逆に言うと、日本には数理社会学という学問を一生懸命教えたり研究したりしている研究者というのは多いんです。その一つの理由には、そこにありますように数理社会学会という小さな学会がありまして、僅か300名ぐらいの学会なんですが、1986年に発足して大体30年ぐらい経つんですね。入れ代わり立ち代わりと言いますか、若い研究者が時々入ってくれますので、活動はそれなりに積極的にやっています。それが社会学の中では、社会調査教育とは別の形で数理科学教育を担っております。

　数理社会学っていうのはどういうことを目指している学問かと言いますと、目指している以前にその理由ですね。これは社会学全般に言えることですが、1970年代に社会学という学問は大きな、私から言いますと

第III部　文系学問と数理科学教育

一種の文化革命みたいなものが起こりまして、それまでの社会学が非常に批判にさらされるということが起こりました。そこでそれに取って代わる様々なパラダイムというものが出てくるんですね。一番分かりやすい例は、フェミニズムの台頭とジェンダー研究の活発化です。しかしそれだけではなくて、それ以外の様々な形での新しい転換点が起こる。その中の一環が数理社会学という学問で、既存の社会学を乗り越えようという大それたことをめざして、僕らみたいなのが発足させた。そこにもちろん数理というものの厳密な学問の方法が基盤にあります。

　社会学を多少ともかじった先生方、特にかつて 1960 年代の社会学をかじったことのある先生方は、社会学というのは何か訳のわからないことを、抽象的な言葉で語っているという印象を持たれた方も多いと思いますけれども、数理社会学にはそういう状況を何とかして克服したいという背景があったわけですね。数理社会学は欧米でも同じように進展しておりまして、早くも 1971 年に *Journal of Mathematical Sociology* という専門誌が創刊されたり、それから学会の中に ASA といって American Sociological Association の中に数理社会学のセクションができたり、そういう形でそれなりに活発には欧米でもやっているんですね。ただ、現状を言いますと、社会学の中では非常にマイナーな学問という状態にとどまっています。

　先日、数理社会学会大会がありましたので、どんなふうな中身を教えているのか、あるいは、どんな苦労をしているかというのを、実はアンケートを簡単なものをとりました。それに基づいて少しご紹介いたしますと、どんなことが教えられているかというのはここに書いたものなんですが、多少ご存知のこともある、例えばゲーム理論。これは社会学に限らず、現代の経済学を中心として、社会科学全般の基礎として教えられている数理的な道具なんですが、それ以外にゲーム理論を社会学的な問題、社会学としては特に社会的ジレンマ、あるいは秩序問題という形や問題構成として捉えて、既存の社会学理論との関係のもとで教えたり、分析したりするということがよく行われます。それからもう一つ、社会

第10章　社会学における数理科学教育の現状と課題

学で従来、数理的ないし計量的に研究が盛んなのが、この階層移動、階層問題ですね。多少名前をご存知かもしれませんが、いわゆる英語でSSM という調査があるんですが、Social Stratification and social Mobility survey というのがありまして、階層と階層移動に関する調査。これは10年おきにやっていまして大きな調査。今年も、後輩たちがやっております。そういうものを数理的に分析したりする、計量分析もありますけれども、それが社会学的な研究の大きな柱です。それから他に階層意識とか、相対的剥奪ですね。このように、それなりに社会学プロパーの問題領域で数理を使って分析をしたり、研究したりっていうのは、世界的にも進展はしているんですね。

　ただそれを教えるということになりますと、先ほどから言っているような状態なので、アンケートの中では学生の数学の力は中学レベルと考えていいという人もありました。これは大学によって様々ですから、20 〜 30％は小学校レベルも怪しいというのも出てきたりしております。他方、高校2年程度って言っているのは、確かこれは大阪大か東北大だったと思います。そこでは高校2年程度を前提にできますけれども、ケースバイケースですね。

　さて、そういう状況の中で教師は大変苦労しておりまして、私の印象では、どうも具体的な数学のデリベーションを正確に教えるということを、思った以上に避けるというか、突っ込まないで、そこに踏み込まないで、何とか学生のできる範囲内で教えようという努力に苦労されていると思われます。逆に言うと、私の感覚では、それは本当に数理科学を教えていることになるのかという点で言うと、若干それは疑問があります。数理科学の醍醐味と言いますか、根幹というのは、数学を使うことで初めて分かること、理解できることというものがあるということを、実際に数式を展開することで味わうということだと思うんですが、果たしてそこまで、この数理社会学教育が実践しているかどうかということに関しては、このアンケートを見る限りこれは若干気になるなというところがございますね。ただ、これは教え方と言いますか、教師のスタン

第Ⅲ部　文系学問と数理科学教育

スの問題でして、ついてくる学生だけ来ればいいというスタンスでやりますと、これはそれなりについてきます。学部ではありませんけれども、大学院で授業をする時はそのつもりで授業することもあります。大学院は、むろん気楽に落ちこぼれを作っているわけではありませんけれども、ついて来れるかついて来れないかは、院生次第ですという感じで取り組んできたところもありました。しかし、さすがに学部であまりそこまで割り切るというのはなかなか難しい。そこで多くの先生はたくさん苦労されているんだと思いますね。

　さてそういう中で、せっかく数理社会学を文系の学生に教えることのもう一つの重要な意味は、この数理科学、文系基礎学ということと共通して重なり合うと思うんですが、そこに下の方にあるようにですね、「社会現象をモデルを用いて演繹的に説明する」という、ある種の演繹的な、あるいは導出するという類の思考方法。それが文系の学生にも、あるいは文系の大学を出た一般市民にも、ある程度基礎的な教養として力を付けて頂きたいというのが、数理社会学を教えようとする我々のどこかモチベーションのコアにあると思うんです。それがなかなかできないけれども、基本的な狙いと言いますか、意図というものはそういうところにあるというふうに思っています。

　ただそこには教員と学生の間に若干のギャップがありまして、そういうことを教員の側は一生懸命やりたいと思うんですが、学生はそれについてこれないというギャップ。学生の側の問題は色々もちろんあります。これはやはり高校までの数学教育、先ほどから一定程度出ておりますが、特に私大文系で教えておりますと、とにかく受験する前、高校1年終わった段階で、あるいはそれ以前から、数学を捨てるという形で受験勉強等しておりますから、その学生たちを相手に、数理的なデリベーションというものの持てる意味をどう教えて行くかというのはなかなか至難の業であるということがございますね。特に、これは昔起こった問題ですが、数学を知らなくても大学に進学できるという構造を作ったのは私大文系が悪いんですね。1960年代に大量の私大文系ができた時に、数学

を受験しなくても入試が OK だという構造を作ってしまったのが一つの問題かなとは思います。しかし、これを変えるのは難しい。

　教師の側にもじゃあ問題がないかというと、あると思うんですね。やはり、結論的に言いますと、数理的なデリベーションを重要だって我々は思っていて、一生懸命教えようとするわけですが、それを学生に本当にそれが重要であると、あるいは意義深いことであるということを、どうやったらうまく伝えることができるかというのが難しくて、誰しもそれに成功しているとは限らないと。実際に私が教えてまして、それを学生にうまく伝えることに毎日苦労しながら授業をやっているなという感じを持っているんですね。具体的にはどういうことかというと、社会学という学問っていうのは色んなテーマで色んな人がやっていますが、社会学の学生ですから、広い意味では社会学というものには関心があるんですね。それも多岐に渡っておりますが、その中で、とくに今の日本の社会学が大きく取り組んでいるところ、多くの学生も関心を持っているところは、不平等だとか、階層だとか、差別だとか、貧困だとかという問題があります。そういう基本的には学生自身が内在的に持っている問題に対して、その数理的なデリベーションだとか、思考だとか、論理だとかっていうものが、どこまで分け入って、それを使うことで新しく何が分かって来るかということを学生にうまく積極的に、かつ学生ができれば、どこかで感動と言いますか、ああ分かったと。これをこう勉強して、そうじゃないよりもより良い。自分で頭が良くなったというふうに思うような、そういう教え方ができるかどうかというのが重要で、数理社会学を教える意義はやはりそこにかかっていると思うんですね。特にもっとマクロ的なことを言いますと、一番下に書きましたように、例えば私が一方で手がけているのが社会保障関係の問題なんですが、人口学とか、保険数理という難しい問題がありますが保険数理までは考えなくても、人口とか、財政とかでも基礎的な知識をもとにして、社会保障問題というのを考えて行くというようなことは、ある意味ではこれもやはり市民社会、あるいは市民的教養の一つの部分を構成するだろうと思い

第Ⅲ部　文系学問と数理科学教育

ます。こういうことについて多数の人たちが理解するというのは重要だと思っておりますが、そういうことにつきましても、そういう問題関心に訴えながら、いかにして学生をそこに引っ張っていくかということが、課題だろうというふうに思っております。

　最後まとめですけれども、先ほどから言いましたように社会学は社会調査法教育と数理社会学教育という二つの側面で、数理科学教育を担っておりまして、そのうち社会調査教育は、量的には一定程度成功していると、制度的にも確立できていると言っていいかと思いますが、数理社会学の方に関しては、依然として課題を抱えておりまして、日夜私もこれをどう改善していくか、考えているところであります。

※この章は、『数理科学教育の新たな展開－文系基礎学・市民的教養としての数理科学－数理科学教育シンポジウム報告書』（2016.3）に掲載された報告を再掲載したものである。

第11章　教育学教育の課題
―― エビデンスを支える教育測定学から

柴山　直

1.　データと教育測定学

　「数理科学教育」についてということですが、自分自身が数理科学を専門にしているかどうかはよく分かりません。今の言葉でしたら数量分析とでもいうのかもしれませんが、古い呼び方なら、サイエンス・オブ・データアナリシスという言葉があります。それなら確かに専門にしてきています。サイエンスですから、当然、道具として数学は使います。考え方も論理はつかいます。しかし、数学そのものではありませんし、論理学でもありません。むしろ、現実からいかにデータを取り出し、そのデータに向き合って現実をどう考えていくかということをやってきたのだと思います。その現実のフィールドが私の場合、学校教育とは限らない、広い意味での「教育」になるわけです。

　その教育の分野においても、最近では、より客観的なエビデンスを得ることの必要性は、たとえば、教育への公共財投入の際の費用対効果の説明責任という観点からも、ますます重要になってきています。しかし、その一方で教育効果の指標としてあつかわれることの多い、学力、パーソナリティ、適性などのデータには独特の特徴があること、また、その特徴を心得ておかないと的確な判断ができないことなどは、教育学の中にあっても、正確に認識されているとはいえません。

　ここで取り上げます教育測定学（educational measurement）は、学校教育に限らない広義の教育をフィールドに、学力、知的能力、適性、パーソナリティ等の心理学的特性を、統計学的モデルを介して数値化し、それらを通して教育のエビデンスとすることを目指す研究分野です。心理測定学や計量心理学とも呼ばれます。また面白いのは、やっていることは同

第III部　文系学問と数理科学教育

じでも、医学系ですと精神測定学と呼ぶことが多いようです。おそらく精神医学でこの分野の知識が必要とされることが多いからかもしれません。

　いずれにしましても、それぞれ重なり合っても少しずつ違いますが、大体同じような方向性を持っている分野と考えて構いません。また、扱っている測定の技術体系をテスト理論と言います。さらに、海外ではサイコメトリクスという言葉を使って、このような専門家をサイコメトリシャンとよびます。少し古いデータになりますが、例えばアメリカではサイコメトリシャンとよばれる人たちは、Ph. D. 取得者レベルで年間だいたい 200 名ほどが養成されています。このようにアメリカをはじめ国際的には学問分野としても確立した体系を持ち、職業としても専門職として認知されています。ところが、我が国では何年かに数名、しかも体系的に組まれたカリキュラムに基づいて養成されているわけでもなく、たまたまこの分野に興味をもった学生がほとんど独学で育っているという状況といっても過言ではありません。したがいまして、この分野の専門家の絶対数もたいへん少なく、他のデータ・サイエンスの分野と同様、我が国の大学の硬直しきった組織運営が邪魔をして、次世代に必要な人材育成ができないという問題が、この分野でも起こっています。

　さらに、いま、大学入試改革をはじめとする教育改革に関連して、文部科学省がしきりに小中等教育から高等教育まで、さまざまなテスト・資格試験・英語の 4 技能検査などを導入しようとしていますが、本当に機能する制度を構築しようとするなら、テスト理論の専門家たち、サイコメトリシャン達の参加が実は不可欠なのです。外国の例ばかり出して恐縮ですが、事実、有名な TOEFL や SAT などでは、大勢のサイコメトリシャン達が後ろでそれを支え、品質保証をしています。また確かカリフォルニア州だったと思いますが、その教育局などにも常勤のその種の専門家がいてエビデンスとしての教育データの管理・分析をおこなっています。我が国では医学系共用試験などはその体制をとっていますし、民間企業でもそういう方達が新しいテストの開発、品質保証をおこなっているケースもだんだん増えてきています。しかし、公の機関ではまだ

まだその種の人の手当はできていないのが現状ではないでしょうか。

　また、教育現場にこのような数値の形をしたエビデンスが入ってくるようになりますと、いわゆる教員や教育行政職と呼ばれる人たちにも、この種の知識は基礎的素養として必須のものになってくると考えています。実際、OECD が実施している国際学力調査の PISA に国際メンバーとして参加した人などに聞きますと、テスト理論の専門用語が会議で普通に使われていて、我が国から参加した人たちは、その知識がなくて最初は戸惑うというようなこともあるようです。

　このような現状や将来を踏まえた上で、教育学の中で数理科学教育にはどのような課題があるのかを 3 つにまとめてみました。まず課題 1 としては、「基礎素養としての初等統計の知識とそれを活用する能力、リテラシーの必要性」です。その際、具体的な事象を通して、その知識が生かせるカリキュラムになっているのかがポイントになります。次に、課題 2 として広い意味での教育を数値で論じるときにその数値が「個人スコアなのか集団スコアなのかの視点の置き方の問題」です。いわゆる教育論争を聞いていますと、個人スコアに基づいて話をしているのか、集団スコアで言っているのか、いつもそこが混乱してしまって議論が錯綜してしまうことが多いようです。その意味で、この視点の意識的な切り分けが重要かと思います。それから課題 3 として「教育におけるデータの産出プロセスの問題」です。これは教育が広い意味で、いわば人間の内面である「心理学的特性」を対象とする分野ですから、どうしてもデータを作り出してこないといけない。作り出すとはいっても当然ねつ造ではなくて、心理学的なモデルを立てて、学力や適性と言った物理的には存在しない、見えないきわめて抽象的なものを数値化していく、そのデータ産出の基本的な考え方・限界が分かっていないと、結果としての数値のみが拡大解釈されて議論が混乱してしまいます。さらに、モデルを立てた上で、データをいかに効率よく取り出すのかというところでフィッシャーに始まる実験計画法の考え方が重要です。その適用例もあわせて紹介したいと思います。

第Ⅲ部　文系学問と数理科学教育

2. 統計リテラシーの必要性

　まず、最初の課題ですが、初等統計の知識の必要性ということで、単純な度数分布と累積分布をお見せしております。いわゆる「ゆとり教育」導入の是非が世の中を賑わせていた頃、20年ほど前になりますが、当時在職しておりました新潟大学の図書館の書庫に潜り込んで、昭和33年検定、昭和38年発行の、その時代を感じさせる「新しい算数」という教科書を探し出してきて、全ページ数を数えたことがございます。大体、私ぐらいの世代が小学生の頃使った教科書です。それからずっと下の世代の教科書、今の大学生たちが学んだ教科書ですね。「みんなでまなぶ算数」。今のアクティブラーニングとか、協同学習などにつながるようなタイトルになっています。ページ数以外の情報は無視していますが、左側が度数分布、右が累積曲線です（図1）。

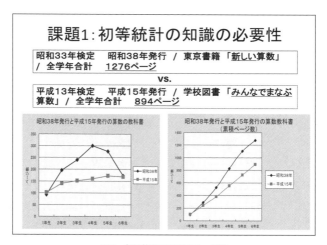

図1　新旧算数教科書のページ数

　新しい教科書は本当に平板に、累積カーブとういうよりも累積直線と言った方がよいラインが描かれています。それに対して古い方の教科書は小学校4年生のところのページ数がぐっと上がっています。累積分布

第 11 章　教育学教育の課題

で見て行きますと、これは自然現象によくある発達曲線で近似できます。発達心理学をやっている人間から見ますと、大体小学校 4 年生の頃というのは少年少女期の完成期と言われています。その後、いわゆる思春期に入っていって、心も体も色々変化が起こってきて不安定になっていく時期。その直前の最も安定している時期に、古い教科書は新しい教科書にくらべて知的な負荷を相対的に強くかけているな、ということが読み取れます。実際に検証したわけではありませんが、単純にこういうふうな度数分布を作るだけで、色んなことが考えられるということですね。

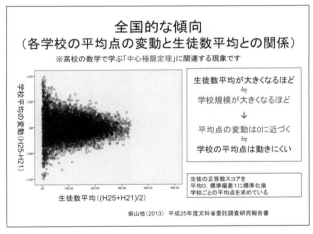

図 2　平均とサンプルサイズの関係

それから、よく世の中で話題になる平均です。図 2 は、学校平均の変動性というのを見たものです。横軸が、いわば生徒数の平均。それから縦軸が学校平均の変動です。これも、数学の先生がいらっしゃると怒られるかもしれませんが、中心極限定理と関連のある現象で、人数が少ないところでやっぱり動きやすい。多くなっていくと小さくなっていく。世の中で効果のある教育方法だというので有名な、たとえば、名前をあげると悪いのですけれども、100 マス計算。ああいうふうな効果の

第Ⅲ部　文系学問と数理科学教育

あるといわれる教授方法というのは、大体見ていますと、比較的小さな規模の学校で効果があったというふうなことになることが多いようです。それを、大きな学校に持っていくと、当然平均はあまり動かない、したがって効果が見られないということになります。これは、そうなることがいわば数学的に証明されているようなもので、ある意味どうしようもない現象だともいえるものです。このように、教育の効果というのを議論する際には、何をもって「教育の効果」というのかという定義とともにサンプルサイズも何らかの大きさに固定しておかないと、お互いの土俵が違ってしまって議論自体が成立しない例のひとつになります。

　私自身は、この初等統計レベル知識を、文部科学省からの委託研究で東日本大震災の宮城県における学力の影響というのを調べたときに利用しました。どうしても、津波被害を受けた学校といいますのは沿岸部にあって、規模も小さい。影響を見積もろうとしても、あまり人数の小さい学校で見ると、それはかなり個別ケースの話になってしまいますし、逆にそのサンプルサイズがすごく大きなところでは影響がクリアに見られない。どういうふうな学校規模のところに聞き取り調査に行けばいいのか、などという時の判断の根拠にしました。

3.　集団スコアか個人スコアか

　次に課題2の集団スコアか個人スコアかについてです。すでに先ほど平均の性質を述べたところですでにこの課題は扱っているともいえるので、ここでは相関係数の例を取り上げます。これも生態学的誤謬の問題ということで、ロビンソンという人が1960年代に数学的に証明しているのですが、その集団統計量で相関図を描くと、相関がものすごく高く出ることがあります。

　例えば、経済的に恵まれないご家庭の多い地区とそうでない地区の就学援助率と学力検査の平均点を見るとほとんど直線状に分布します。東京23区で調べた結果に相関係数にして－0.9という例も実際にあります。その結果を、平均的に見て貧しいご家庭をなるべくケアをしていこうと

第 11 章　教育学教育の課題

いう政策判断の根拠に使うこと自体は正しいと思います。しかし、これを個々の子ども達に当てはめて考えると、経済的に苦しいご家庭のお子さんは必ず学力が低いのかというと一概にそうではありません。集団スコアで得られた知見を個別スコアで得られる知見と混同してはいけない例になるかと思います。行政的な判断と目の前にいる子供達一人一人に対する判断との違いと言ってもいいかもしれません。

それからもう一つ、相関の選抜効果と呼ばれるものです。日本物理学会に掲載されていたもので、医学部のセンター科目の平均と、入学後の成績の相関を求めたものがあります。それをみますと、英語、国語、社会というのは相関がプラスで、数学、理科以外は、マイナスかほとんどゼロの相関になっています。特に数学などは − 0.268 です。この結果から考えて、その医学部の入試に数学や理科はいらない、国語だけで判断すれば良いと主張すると、これはかなりへんな話だというのはすぐに分かります。

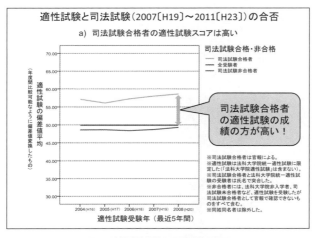

図3　適性試験成績と司法試験の合否

第III部　文系学問と数理科学教育

　実は、この間違った判断は、私自身関わっております法科大学院の適性試験でもあります。各法科大学院の先生方が、ご自分達が評価されて出される法科大学院での成績と、適性試験との相関を取って相関がない、したがって適性試験は役に立たないと批判をされることがあります。しかしその現象は選抜効果で説明できます。実際にそれを反証するデータとして出したのが図3になります。この図をみますと司法試験合格者とそうでない人たちとの適性試験の平均点の差が約5点となります。中心極限定理からいえばこれはかなり大きな差です。したがいまして、個別法科大学院ではなく全体を見て判断すれば、適性試験と言うのは司法試験に対して予測的な妥当性を持っていることが明らかになります。

　次に、ずいぶん古い研究ですが、語彙理解力の発達に関する追跡的研究ということで、1976年から85年の、9年間の杉並区公立小学校、中学校の145名を追った研究があります。最初はもっと人数はあったのですが、当然コホートでどんどん落ちて行くということになります。9年間追い続けないといけないので、9年間の比較ができるように、今ようやくIRT（Item Response Theory：項目反応理論）というのが世の中でだいぶ認知されるようになってきましたが、その項目反応理論というのを使って、この9年間のデータを一つの尺度上で追えるようにしました。

　その結果が図4のボックスプロットです。面白いのが、中央値を追っていくと、この中学校2年生と、中学校3年生のところで、傾きが少し急になっています。これは高校入試の影響と考えています。入学試験というのは受験生にとっては確かに嫌なものではありますけれど、こういうふうに全体で見ると語彙理解力をあげている効果があるのではないかというふうにも言えるわけです。ところがこれを、発達の個人差ということで、個人の発達曲線を描いていくと、ずっと高い子もいれば、低い子もいる。途中からすごく伸びている子もいれば、そうでない子もいる。様々です。当たり前ですけれども、このように、議論する際にどちらの種類のスコアに基づいて議論しているのかというのが忘れられがちだということですね。

第11章　教育学教育の課題

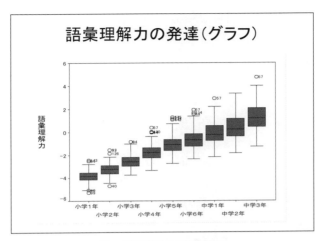

図4　語彙理解力の9年間の発達

4. 教育におけるデータ産出原理の特徴

　最後に課題3のデータ産出原理の特徴について述べます。パーソナリティとかIQとか適性とか学力、あるいは短期記憶、短期記憶貯蔵庫、長期記憶、長期記憶貯蔵庫、スキームや認知のプロセスモデル等々、さらにはフロイトのリビドーなどというのは一般に心理学的構成概念とよばれるものです。たとえば、最初にフロイトの精神分析論を読んだ時に、リビドーというのは一体何を言っているのか、私は全然分からなかったのですが、要するに彼は、彼と言うと何かおこがましいですが、リビドーという概念を導入することで、神経症のプロセスを説明していったわけですね。そのことによって原因がどこにあって、どういうふうにすれば神経症を治せるかというふうな医療モデルを組立てたわけです。

　もっと卑近なところで言えば、パーソナリティと言ってもただひとりの人を見ていても分かりません。ところが、AさんとBさんがいて、Bさんの方は友達が多くて、外出が好きだとします。一方、Aさんは友達がそんなに多くなくて、ひとりで読書をするのが好きとします。そうするとBさんは外向的な性格、Aさんはそれに比べて内向的な性格であると

第III部　文系学問と数理科学教育

区別ができます。この場合は内向－外向的性格という概念を持ってきてAさんとBさんの個人差を記述したことになります。このように、「実態としてあるともないとも言えないが、仮にあると仮定すると、様々な現象が説明しやすくなるような概念」、すなわち、心理学的構成概念というものを、心理学では多用しているということです。そこからモデルを作っていくというのが、心理学的モデルの特徴になります。この考え方は仏教哲学の方では施設仮託（せせつかたく）、すなわち、仮に託して設定するというのと似ていて面白いなと思います。

　さて、先ほどの法科大学院適性試験の設計を例に取りますと、これも設計していく時にやはり法曹教育の最初の段階として、たとえば弁護士になっていくにはそもそもどういう能力が法科大学院に入る時点で準備されている必要があるかということから喧々諤々議論して、設計していきました。その結果、論理的判断力、分析的判断力、長文読解力、そして相手をロジカルに説得する表現力の四つが設定されました。また、論理的判断力、分析的判断力、長文読解力というのは、様々な先行研究から、客観式テストで測定できるということは分かっていました。ただ、表現力は、実際に書いてもらわないといけないということで、この四つの能力のうち、表現力は、実際に書かせることになりましたが、論理、分析、長文読解力は、いわゆる客観式で測っています。そして、四つの力がそれぞれ相互に重なりながら、適性というのを最終的には測定しているのだ、そういう方向でテストの設計をしていきました。当然、それぞれの力の構成概念的な定義はきちんとおこなって、そこから具体的な問題に落としています。

　次に、実際に、受験生達のデータからそれを確認していきますと、論理的判断力と分析的判断力の相関は 0.435、また、論理的判断力と長文読解力とは 0.536、さらに、分析的判断力と長文読解力とは 0.311 ということで、大体お互い設計通りの関係にあることがわかります。かつそれぞれの能力の共分散比、三つの能力がそれぞれどれぐらい分担して全体を測っているのかを示している指標を求めました。理論的には 0.333 と

第11章　教育学教育の課題

いうのがこの場合の理想値になります。実際には分析的判断力と論理的判断力の間に少しトレードオフの関係が生じたりしますが、大体同じぐらい割合、役割分担で適性全体を測ることができていることが確認されています。

　そうしますと、今度はこれらの数値から逆に、これで論理的判断力、分析的判断力、長文読解力が測れたかと言えるかというと、これは言えません。あくまでもこのテストの設計仕様からこういうふうに数値予測はできるのだけれども、数値そのものからは逆のことは言えないということになります。それはあくまでも、その人が本当に弁護士になってちゃんと立派にやっていくのかとか、そういったところで見て行かないといけないというふうな構造になっています。これは、教育成果というもの全般に通ずる特徴で、物価指数のように短期間ではなんともいえないし、つきつめるとある教授方法が効いたのか、教育施策が効いたのかどうか、原因がなんであるかなども実は特定できない、教育に数理を持ち込むことのむずかしさかと思います。

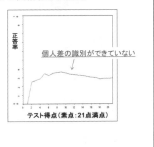

図5　個人差が識別できていない問題の項目特性曲線

179

第Ⅲ部　文系学問と数理科学教育

　実際に心理学的なモデルを作っていく具体例をお示しします。図5は昔の共通一次試験の公開資料から私が復元したグラフですが、「夙に」の意味として最も適切なものを選べという問題です。国語のテストで、粗点が21点満点ですから、0点から21点まで並べて、正答率を見ています。そういたしますと、これは本当なら点が高くなればなるほど、国語の学力があがっていますから、この項目に対する正答率、縦軸の正答率は単調増加していかなければならないのですが、平になっている。むしろ力のある人の方がちょっと低めです。これはいい問題ではないということですね。なぜかといいますと個人差の識別ができていないからです。

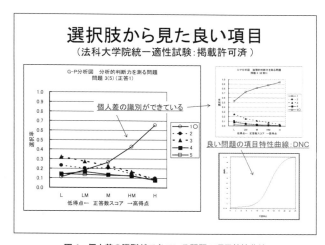

図6　個人差の識別ができている問題の項目特性曲線

　それに対して良い問題といいますのは例えば、図6では適性スコアの高い低いで五つのグループに分けていますが、段々正答率が高くなるにつれて正答選択肢の確率が上がっています。左側のグラフは難しい問題なので立ち上がりが遅いですけれども、右側の易しい問題ですと、ぐっと上がって、後は頭打ちになっています。それをつなげたようなのが、右下の曲線になります。先ほど出てきた成長曲線と同じ形になっていま

す。しかし、この段階では、横軸の部分が抽象化されていません。実際の得点で、正答率を表現しています。

　ここで、得点の部分を先ほど言った心理学的構成概念、あるいは心理学的特性に読み替えて、モデルを作っていきます。これが項目反応理論の一つのモデルになります。どういうことをやっているかというと正答率は、先ほどと同じですが、学力を表す数値を正答数ではなくて、一般的な尺度値 θ という表現にして、モデルの中でこの尺度値 θ と、項目の難しさを分離し、かつその差で正答率を表現します。それが図7になります。図7の右上の数式が新たに作られたモデルの表現式になります。

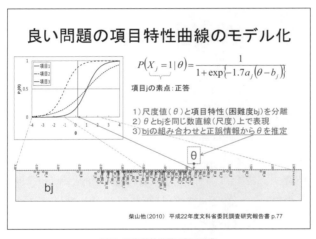

図7　項目特性曲線のモデル化

　モデルが準備できますと、次にどういうことができるかと言いますと、これは項目の1個ずつが項目の難しさですが、この項目の難しさによって物差し、尺度を作ることができるわけです。そこで、あとは項目の正答パターンから、その人がどれぐらいの力を持っているのかということが分かって、その力を持っている人は大体どれぐらいの正答率か、この問題ならここ、この問題ならここですねというようなことが分かるとい

う作り方をしていきます。ポイントは横軸の部分が抽象化されていると
ころにあるわけです。

このように IRT モデルを作りますと、先ほどの尺度値の分布に全く
同じ標準正規分布を仮定していても、そのテストの形というのはテスト
の作りによって如何様にもなるということが示せます。一時期、日本の
PISA データから、日本の学力はふた山分布しているというふうな話が
盛んに流布されたことがあったのですが、私はそのような分布をしてい
るデータを見たことがありませんでした。PISA データの産出過程を理解
していれば、そのような双峰性の分布が出てこないことはすぐ分かりま
す。その辺りはデータできちんと押さえて、さらにその上でデータ産出
モデルを押さえて議論しないと、印象的な話ばかりが先行してセンセー
ショナルに扱われてしまうという例かと思います。

もう一つ、項目反応理論を使っておこなった別の研究として文部科学
省がおこなっている全国学力学習状況調査データを利用した分析例を取
り上げます。全国学力学習状況調査は全数調査で、経年比較が基本的に
できない仕組みになっています。平成 23 年にあの東日本大震災があっ
て、平成 21 年度と平成 25 年度の間に、学力に対してどのような影響が
あったのかというのを見たいということで、やり始めた委託研究です。
幸い別の研究で、22 年度から 25 年度まで経年調査で同一尺度を作って
おりましたので、それを使って平成 21 年度と平成 25 年度の全数調査を
比較可能としました。もっとも、21 年度のデータがなかったので無理矢
理 22 年度の方につなげましたので、留保条件はつきますが、とにかく
比較できるようにしました。

具体的には、図 8 にありますように、平成 21 年度では C 中学校と C2
中学校で、その学力分布はほとんど同一の分布でした。ところが 25 年度
については、C 中学校の方が上に上がって、C2 中学校の方は下に下がり、
かつかなり学力的に低い子ども達もいるというのが分かりました。それ
では逆に、その変化の原因は何だろうということで、学校や教育委員会
に対してインタビュー調査をおこないました。結論的に言うと、学校と

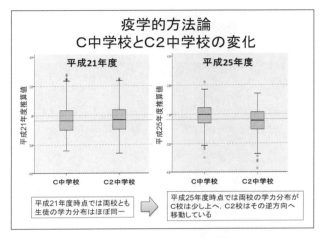

図8 東日本大震災の学力への影響

して、生活規範、学習規範が維持できたかどうかが分かれ目になったとのことでした。ただ、この研究にはインタビューの中でお聞きしたことで、胸が痛む話も多々あるので、ここではこれぐらいにしておきます。

　もう一つは、数理科学教育のカリキュラムの中で、あまり取り上げられていないようですが、実験計画法の考え方も、取り入れておいた方が良いかと思います。実際、文科省委託研究で使ったのは、7分冊のテストです。実は1時間の間に1つのテストで調べることのできる分量というのはごく僅です。一般に学んだ単元の3分の1程度だというように言われております。それを1時間単位で全部見られるようにして、かつ子ども達の負担にはならないような工夫が必要です。従って、同一時間・同一冊子・一斉実施の全数調査では原理的には不可能です。もともとサンプリング調査でないとできない仕組みになっています。そしてその仕組み自体は、ここにございますように実験計画法のブロックの考え方を使って組み立てました。

　この研究では、教育的な様々な情報を集め、学校単位でどのような状態になっているのかを確認し、かつ、データのある全国学力調査自体の

第Ⅲ部　文系学問と数理科学教育

偏りをなくすための分冊デザイン（釣合い型不完備ブロックデザイン：BIBD）

	分冊1	分冊2	分冊3	分冊4	分冊5	分冊6	分冊7
位置1	3	4	5	6	7	1	2
位置2	5	6	7	1	2	3	4
位置3	6	7	1	2	3	4	5
位置4	7	1	2	3	4	5	6

・どの項目セットも等しく4回使用されている　→　使用頻度の効果を相殺
・どの項目セットも互いに等しく2回ずつ会合する　→　組合せの効果を相殺
・どの項目セットも1回ずつ等しく別の位置に配置される　→　出現順の効果を相殺
※表内の数字は項目セット（＝項目ユニット）
※BIBD＝Balanced Incomplete Block Design

平成24年度委託研究調査報告書

図9　実験計画法の適用例

データの品質も統計的な側面からチェックしました。作題された国立教育政策研究所の先生達はあまり、テスト理論で言うところの信頼性係数を、気にせずに作ってらっしゃいます。しかし、一般的に優れた作品というのは後で分析の光を当てても良い結果が出ます。例えば、信頼性係数を見ますと、0.906 ということで、これは要するに100%のうち誤差が1割で、あと90%が本当に測りたい数学の力をちゃんと測れているのだという数値ですね。そのような産出されたデータ自体の信頼性のチェックをして、なおかつデータ収集の際にも、実験計画法的な発想を入れて、幅広くデータが取れるようにしたということになります。

　以上、教育測定学の立場から教育学における数理科学教育の課題について3つの視点から述べました。

【参考文献】

適性試験委員会（2011）『JLF 叢書 Vol.17 法科大学院統一適性試験テクニカル・レポート 2009-2010』商事法務.

柴山直（2013）平成24年度文部科学省委託研究「全国規模の学力調査にお

けるマトリックス・サンプリングにもとづく集団統計量の推定について」報告書，文部科学省.

中教審大学分科会法科大学院特別委員会（2012）平成 24 年 12 月 6 日，資料，文部科学省.

柴山直（2014）平成 25 年度文部科学省委託研究「東日本大震災への学力の影響〜 IRT 推算値による経年比較分析〜」報告書，文部科学省.

第 12 章　経済学と数理科学教育の課題

秋田　次郎

1.　はじめに

　第二次世界大戦後、主流派経済学の記述スタイルの数理化・公理化が急速に進捗し、それが果たした貢献は計り知れない反面、経済学を理解させ教育する際に経済数学が障壁となり、経済学が敬遠され、嫌われたり致します。それを少しでも避けるべく、経済数学そのものをより直観的に理解しうるように工夫することが、経済学における数理科学教育、ひいては文系基礎学・市民的教養としての数理科学の一つの重要な課題であると考えます。

2.　経済学における数学利用の現状

　経済学の数学の利用の典型例を網羅的ではないにせよ概観しますと、ミクロ経済学ではラグランジュ乗数法ないしクーン・タッカーの定理が、マクロ経済学では変分法ないし動学的最適化が、大学院の入り口のコースワークの初っ端から登場し、また徐々に学部教育にも浸潤しつつあるようです。マクロ経済学ではさらに、動学的最適化条件から得られる連立常微分方程式の定性的動態を解析する為に、位相図を用いる分析も教科書で標準的です。計量経済学ではもとより統計学が重要で、最小二乗法など線形代数も必要であり、時系列解析にはフーリエ積分や複素解析、更には公理的確率論には、測度論やシグマ代数などが援用されます。数理ファイナンスは、確率微分方程式、伊藤のレンマが大活躍する分野です。その他、経済学では位相数学ないしトポロジーも重要で、一般均衡の存在証明には不動点定理が用いられます。他方、環や群などの抽象代数は、筆者の知る限りではあまり用いられないようです。ベッセル関数

第Ⅲ部　文系学問と数理科学教育

等の特殊関数も、経済学の論文では滅多に遭遇しません。

1-1　最適化問題：ラグランジェ乗数法とクーン・タッカーの定理

　最初の例はミクロ経済学の最適消費問題です。消費者が二つの財の消費量 x と y とを選択し、これらに依存する効用関数 $u(x, y)$ を最大化しますが、これらの財にはそれぞれ価格 p_x と p_y がついており、これらに支払う支出が予算額 m を越えてはいけないという予算制約条件：$p_x x + p_y y \leq m$ の制約に服します。つまり消費者は不等式制約下の最適化問題に直面し、この際の常套手段がクーン・タッカーの定理です。ラグランジュ関数（Lagrangian）：$L(x, y, \lambda) \equiv u(x, y) - \lambda(p_x x + p_y y - m)$ を設定し、最適化の必要条件：$0 = \frac{\partial L(x,y,\lambda)}{\partial x} = \frac{\partial L(x,y,\lambda)}{\partial y}$，$0 = \lambda \frac{\partial L(x,y,\lambda)}{\partial \lambda}, \frac{\partial L(x,y,\lambda)}{\partial \lambda} \geq 0, \lambda \geq 0$ を得る方法を常套的に用います[1]。

1-2　最適化問題：変分法、ポントリャーギンの最大値原理

　次の例はマクロ経済学の最適貯蓄問題です。マクロ経済学では時間が明示的に入り、家計が今日消費するか、明日消費するかという消費の最適タイミングの問題ないし最適貯蓄・投資問題を考えます。この問題は組み合わせ理論等でも有名なフランク・ラムゼーが最初に定式化し、いまもラムゼー問題と呼ばれます。家計は時間の関数としての消費経路を選択し、その目的関数は関数ではなく汎関数です。各時点の消費 c_t に依存する瞬間的効用を $u(c_t)$ とし、時間割引因子 $\exp(-\theta_t)$ を乗じ、時間について積分した目的汎関数：$\int_{t=0}^{t=+\infty} u(c_t) \exp(-\theta t) dt$ を最大化する消費経路：$\{c_t\}_{t \in [0,\infty]}$ を選ぶ動学的最適化問題です。その際、今日消費されなかった資源は、明日に向けて投資され、それが明日の資本 k_t に加わるという動学的資源制約：$\frac{dk_t}{dt} = f(k_t) - nk_t - c_t$ を斟酌します。この問題を解くために標準的に用いられるのがポントリャーギンの最大値原理（Maximum Principle）で、ハミルトン関数（Hamiltonian）：$H(c_t, k_t, \lambda_t) \equiv u(c_t) \exp(-\theta t) + \lambda_t \{f(k_t) - nk_t - c_t\}$ を設定し、最適化の必要条件：$0 = \frac{\partial H(c_t, k_t, \lambda_t)}{\partial c_t}, -\frac{d\lambda_t}{dt} = \frac{\partial H(c_t, k_t, \lambda_t)}{\partial k_t}$，$\frac{dk_t}{dt} = \frac{\partial H(c_t, k_t, \lambda_t)}{\partial \lambda_t}$ を得るのが標準的です。

188

第12章　経済学と数理科学教育の課題

1-3　自励系連立常微分方程式と位相図

これらの必要条件を整理し、各時点の消費 c_t および資本 k_t についての自励系連立常微分方程式：$\frac{dc_t}{dt} = \sigma(c_t)c_t\{f'(k_t) - n\}$, $\frac{dk_t}{dt} = f(k_t) - nk_t - c_t$ を得ますが、これは解析的にはまず解けません。そこで定性的性質を見定めるべくフェーズ・ダイアグラム（位相図）を描きます。$\frac{dc_t}{dt}$ と $\frac{dk_t}{dt}$ とが、それぞれ正と負になる領域に分けますと、2×2 で4領域に分かれ、天気図さながらベクトル場が定義でき、端点条件と併せて最適経路が特定できます[2]。

1-4　確率微分方程式と伊藤の公式

次は、確率微分方程式の伊藤のレンマの利用例です。伊藤のレンマと言えば、オプション価格理論のブラック-ショールズ公式への応用が有名ですが、それには限らない例証として、ノーベル経済学賞受賞者クルーグマンの1991年の為替レートのターゲットゾーンのモデルを挙げます。これは非常に簡潔で、マネーサプライ m_t と、物価水準 p_t と、利子率 i_t とに依存する貨幣需給均衡条件：$v_t + m_t - p_t = -\gamma i_t$ が中心です。次に物価水準 p_t と為替レート s_t が購買力平価条件：$p_t - s_t = 0$ で結びつきます。更に、カバー無し利子率平衡条件：$i_t = 0 + \frac{dE[ds_t]}{dt}$ が内外利子率格差が為替レートの期待変動率と等しいことを求めます。整理して $\eta_t \equiv v_t + m_t = s_t + \frac{dE[ds_t]}{dt}$ を得ますが、更に外生所与の貨幣の流通速度 v_t が、ドリフトがゼロでディフュージョンが σ の伊藤過程に従うと仮定しますと、為替レート $s = g(\eta)$ に伊藤のレンマを適用して、η に関する2階の常微分方程式：$\eta = g(\eta) + \frac{\sigma^2}{2}g_{\eta\eta}(\eta)$ を得ます。これをターゲットゾーンの端点条件の下で解けば、為替レートの挙動が判明致します[3]。

1-5　ブラウワー・角谷の不動点定理

次の具体例は、一般均衡の存在証明です。ミクロ経済学では、消費者や企業の行動、最適化行動から種々の財の需要と供給を導出しますが、各財の需給を同時に一致させる価格ベクトルが果たして存在するか

第III部　文系学問と数理科学教育

否かが重要な問題です。非負制約条件等を勘案致しますと、方程式の数
と未知数の数が合うかという話を超えて話はもう少し複雑です。簡単の
為、財が二つだけ、財1と財2とが存在する場合を考えますと、それぞ
れの超過需要z_1とz_2とは、それぞれ二財の価格p_1, p_2の双方に依存しま
す。一般均衡価格の存在とは、これら超過需要z_1, z_2の両方を同時にゼ
ロにするような価格p_1, p_2が存在するかという問題です。さて、超過需
要関数は経済学から導かれる性質として、いわゆるゼロ次同次性を満た
します。つまり、全ての財の価格が例えば2倍になったとしても財の相
対価格には変化がない為、超過需要には影響を与えません。大事なのは
相対価格だけなのです。すると、価格p_1, p_2はどこかでアンカーしない
と定まりませんので、アンカーする1つの方法として、両者を足すと1
になるよう基準化します。価格は非負で足して1となり、価格を並べた
価格ベクトルはシンプレックスの元となります。すると、シンプレック
スはコンパクト集合であり、不動点定理により、コンパクト集合からそ
れ自身への連続写像には必ず不動点が存在致しますから、その不動点に
おいて、ちょうど超過需要z_1, z_2がゼロになるような連続写像を作るこ
とができれば一般均衡価格ベクトルの存在が言えたことになります。写
像の作り方は、簡単に言えば、超過需要が正つまり需要が供給を上回る
ときには値段を上げます。逆に供給が需要を超える場合には本来は値段
は下がるべしですが、それでは価格がマイナスに突入する虞があります
ので、下げないことと致します。すると値段は上がるばかりとなり、シ
ンプレックスから外に飛び出してしまいますので、最後にもう1回基準
化してシンプレックスの中に押し戻しますと、シンプレックスからシン
プレックスへの写像が得られます。こうして、もう少し証明が要ります
が、連続写像が存在して、その不動点で超過需要は全てゼロになること
が論証されます[4]。

2. 経済学と数理科学教育の課題

2-1 経済学のスタイルの変遷

以上駆け足で経済学における数学の使い方の典型例を概観しました。続いて、ケインズ以降の、ヒックス、サミュエルソン、ドブルー等の主流派経済学の数理化・公理化の変遷を概観します。これは網羅的ではなく例えばアローが抜けておりますが、アローも含め、ケインズ以外は全員、ノーベル経済学賞の受賞者です。賞の創設が 1969 年で、ケインズは既に亡くなっており対象外でした。ケインズはさておき、ノーベル経済学賞の権威と、経済学の数理化・公理化とはどうも足並みを揃えて進捗したという印象を受けます。

先ず、ケインズの『雇用・利子および貨幣の一般理論』(1936)(参考文献 4)ですが、マクロ経済学という新分野をこの 1 冊で創始した点で歴史的に重要であり、加えて、一昔前の経済学のスタイルを代表する意味でも興味深いと思います。ケインズも、彼の師のマーシャルも、いずれも、強い数学のバックグラウンドを持ち、ケインズは、カルナップと並んで論理的確率論でも有名ですが、彼らは数学を経済学に持ち込むことについてむしろ慎重ないし批判的でした。今日のマクロ経済学の学部用教科書は、幾多のグラフやダイアグラムで満ち溢れていますが、御本尊の『一般理論』には、出てくるグラフは一つだけです。

次はヒックスの『価値と資本』(1939)(参考文献 5)ですが、これは安井琢磨先生の邦訳が有名で、ミクロ経済学のマイルストーンの一つです。これも少なくとも本論部分は基本的に数学ではなく普通の英語で書かれており、但し「数学付録」が付いています。その冒頭は、平方完成、いわゆるヘッセ行列ないしヘッシアン等について説明をしておりますが、その後の数理化から考えればこれはまだ序の口だったという印象です。次がサミュエルソンの『経済分析の基礎』(1947)(参考文献 6)です。サミュエルソンは物理数学に精通した人で、本の冒頭にはギブスの「数学は言語なり」("Mathematics is a Language")を掲げ、実際、縦横無尽に容赦なく数学が用いられ、積分記号が踊ります。

第III部　文系学問と数理科学教育

　経済学の数理化、公理化はそれで終わりではなく、その後、一つの頂点を迎えたのが、ドブリューの『価値の理論』(1959)（参考文献 7）においてでした。アローとドブリューは 1972 年に同時に経済学賞を受けましたが、ドブリューの数学の先生はブルバキのカルタンだったらしく、実際、集合論の影響が濃厚で、『価値の理論』の冒頭はさながら集合論概要です。

　以上概観して参りました数理化が経済学にもたらした厳密化や精緻化の面での貢献は計り知れません。しかし他方で数学化が経済学の敷居をずいぶん高くしてしまったのも確かであり、学部教育ではそれがことさら問題になります。

　先ほどのサミュエルソンの、もう一つの重要な著作は、都留重人先生の邦訳が有名な、学部生向けの教科書『経済学』(1948)（参考文献 8）です。サミュエルソンというと、御年配の読者の多くが昔この教科書で勉強なさったのを思い出されるのではと思います。サミュエルソンは『経済分析の基礎』で学者としての名声をなし、『経済学』の教科書で富をなしたと言われるぐらい、非常に広く読まれたようですが、『経済学』では『経済分析の基礎』とは異なり数式を振りかざすことはなく、グラフやら図表についても懇切丁寧な説明があります。その後の学部生向け教科書の一例として、比較的最近のクルーグマンの『ミクロ経済学』(2004)（参考文献 9）を見ますと、グラフの傾きはどこで測るかによって変わるということを苦心して説明しています。

　そうした努力の一方で、『分数ができない大学生』(1999)（参考文献 10）という状況もあり、経済学の数理化に付随する障壁の問題は、経済学と経済学教育の一つの課題であると私は考えております。

　高校生の多くは、進路を考える際に経済学部で数学が重要であるという認識をあまり持たないで進学するようです。私立大学ではトップレベルの大学でも、数学は選択科目扱いで、必ずしも必修にはなっていません。では受験科目で必修にすれば問題が解決するかというと、数学が受験の必修科目である大学でも状況は大差ありませんので、話はそう簡単

第12章 経済学と数理科学教育の課題

ではなさそうです。

　経済学部に入学したけれども数学が理解できず、比較的に数学を用いない科目だけに選択肢がみすみす狭まってしまう学生があるのは残念なことです。同様のことが入門レベルだけでなく、更に進んだレベルでも起これば、経済現象や経済問題に対して鋭い現実感覚や問題意識を折角に持つ人であっても、数学の言語が判らないだけの為に、直観が働かずに思考停止してしまい、経済学を拒絶するか妄信するかの二者択一を迫られることになりかねません。

　いまさら時間を戻して、経済学から数学を追放はできません。あまりにも失うものが大きいからです。数学を用いず経済学を講じるにも限界があり、学部入門課程においてすら、グラフや数式を一切使えないと大変消耗です。課程が上がれば上がるほど、否応なしに数学に頼らざるをえません。

3. 経済数学の直観的理解

　そこで、経済学を非数学化するのではなく、むしろ経済数学そのものに対する直観的な理解をもう少し強化して、敷居を低くするのが、一つの解決策ではないかと私は考えます。但し、直観にも色々ありますので、六つばかり例を示して説明します。最初の四つは、経済学に限らない、もう少し一般的な幾何学的ないし図形的な直観に頼る方法の例であり、次の二つは経済学ならではの直観ないし解釈を活用して、逆に数理的な関係を理解できないかという例として挙げます[5]。

3-1　正射影と最小二乗法

　第1は、幾何学的な直観に頼る説明の代表例として最小二乗法（OLS）を挙げます。線形回帰モデル：$y = X\beta + \varepsilon$ についての OLS の公式：$\hat{\beta}_{OLS} = \left(X^T X\right)^{-1}\left(X^T y\right)$ は一見して射影行列 $P_X \equiv X\left(X^T X\right)^{-1} X^T$ を示唆し、その正体が正射影であることは明白ですが、では実際に OLS は正射影なりという事実をどの程度まで活かして教育しているかというと、

第Ⅲ部　文系学問と数理科学教育

私は怪しいのではないかと感じます。どういう空間で何をどこに射影しているのか、$X\hat{\beta}_{OLS} = P_X y$ が、ベクトル y を行列 X の列空間に正射影した像であるということを、果たして学生はきちんと理解しているのでしょうか。また、教科書的にも幾つか重要な例外[6]があるものの、あまり幾何学的な直観を説明に活かしきれていない印象を持ちます。

3-2　コレスキー分解の幾何学的意味

　第2の例も計量経済学からです。時系列分析のベクター自己回帰分析（VAR : Vector Auto Regression）では、ある時点で生じたショックの影響が如何に波及するかというインパルス反応を調べたいことがあります。その際に撹乱項の分散共分散行列を対角化すべく頻繁に用いられるのがコレスキー分解であり、実正定値行列を上三角行列、ないし下三角行列の積に分解しうるという定理です。ところが、これは教科書には非常に機械的に登場し、果たしてこれが一体何をやっているのかという直観的な意味を御存じない方は結構いらっしゃると思います。ですが、実はそれはさほどに難しい話ではありません。一般に対角化と言えば、一番に想起するのは主軸変換ないしスペクトル分解ですが、それとの関係で言えば、スペクトル分解がやっていることは、楕円を真っ直ぐに直立させる為にぐるっと回転している訳です。他方コレスキー分解では、回すのではなく、ずらして楕円を立てているのです。楕円には、回しても立つけれども、ずらしても立つという面白い性質があり、それを利用していくのがコレスキー分解定理の正体です[7]。これが判ったからといって、計算アルゴリズムが改善したりは致しませんが、直観的に何をやっているのかを理解することは大事だと私は思います。

3-3　一次同次関数とオイラーの定理

　第3の例は、ミクロ経済学かマクロ経済学かを問わず頻繁に登場する一次同次関数に関するオイラーの定理についてです。生産関数にしばしば仮定されて有名なコブ・ダグラス関数もその一例ですが、一次同次関

数 $z = f(x, y)$ とは、インプット x と y とを両方揃って $\lambda\,(>0)$ 倍すると、アウトプット z も λ 倍となる：$\lambda z = f(\lambda x, \lambda y)$、という正比例の拡張のような関係です。三次元の (x, y, z) 座標で図示致しますと、一次同次関数のグラフは原点を通り、原点から出る幾多の半直線を含む形となり、南京玉簾の片方の端を閉じたまま他方を広げたような感じの面になります。

この幾何学的状況が判りますと、一次同次関数に関するオイラーの定理の主張も直観的に理解可能です。オイラーの定理とは、いま任意のインプット x_0, y_0 につき、それに対応する関数値ないしアウトプット $f(x_0, y_0)$ が、インプット x_0, y_0 にそれぞれ、そこでの 方向の偏微分 と 方向の偏微分 $\frac{\partial f}{\partial y}$ を乗じたものの和に等しい：$f(x_0, y_0) = \frac{\partial f}{\partial x} x_0 + \frac{\partial f}{\partial y} y_0$ という主張です。ところが、インプット x_0, y_0 に対応するグラフ面上の点で接する接平面：$z - f(x_0, y_0) = \frac{\partial f}{\partial x}(x - x_0) + \frac{\partial f}{\partial y}(y - y_0)$ を作りますと、当然ながらその点と原点を結ぶ半直線は接平面に含まれます。すると原点が平面の方程式を満たすことから、オイラーの定理が成り立つことは明らかです[8]が、左様に説明している教科書は、私の知る限りでは存在せず、教科書の説明に改善余地があるのではないかとかねてより思っております。

3-4　包絡線定理

第 4 の例は、これもミクロ経済学やマクロ経済学でしばしば道具として登場する包絡線定理（Envelope Theorem）です。一番簡単な場合として、2 変数 x と y に依存する関数 $f(x, y)$ を考えますと、先ず片方の変数を外生変数として固定し、もう片方の x だけを内生変数として調整して、$f(x, y)$ の値を最大化する問題を考えます。これに一意内点解が存在するとしますと、当然に固定した変数 y に依存しますので、その内点解を $x^*(y)$ と書きますと、$f(x, y)$ の最大値 $f(x^*(y), y) \equiv f^*(y)$ が対応して決まります。

ここからが包絡線定理ですが、最初に固定した外生変数 y を 1 単位増やすとき、$f(x, y)$ の最大値がどう変化するかという問題を考えます。関数 $f(x, y)$ に y が直接に入っていますから、第 1 に外生変数 y が変化する

第Ⅲ部　文系学問と数理科学教育

ことの直接的効果が考えられます。第2に、内生変数 $x^*(y)$ は、外生変数 y を固定して選びましたので、y が変化すれば当然再度選び直さなければならず、内生変数の再調整を通じた間接的効果がアプリオリには考えられます。ところが、ここで包絡線定理が教えてくれることは、$f(x, y)$ の最大値に関する限り、この第2のルートは無視して構わないということです。このお蔭で、経済学の最適化計算はずいぶん簡略化されます。

　ではなぜ内生変数再調整の影響を無視してよいかと言えば、これも $z = f(x, y)$ のグラフを三次元の (x, y, z) 座標で考え、外生変数 y と内生変数 $x^*(y)$ に対応する点での接平面の様子を考えれば理由は直観的に明らかです。内生変数について最大化してピークに達していますから接平面は x 方向にはフラットです。よって外生変数が変化した際の関数値の変化を一時近似として接平面に沿ったものとして考えますと、内生変数の再調整を斟酌しようがしまいが影響なく、無視してよいことが視覚的に理解できます[9]。これもさほど難しいことではなく、説明の仕方を工夫する余地があるように思います。

3-5　積分因子と現在割引価値

　以上は特に経済学に限らず適用可能な幾何学的直観に頼る例でしたが、次に経済学ならではの直観を通じて数学的関係を理解しうる例を二つ挙げます。

　第5の例は、積分因子と経済学の現在割引価値との関係です。マクロ経済学では動学的予算制約式という常微分方程式が登場致します。時点 t での資産額を a_t、瞬間利子率を r_t としますと、資産は各瞬間に利子収入 $r_t a_t$ を生み、これと賃金収入 w_t との和が家計の総収入となり、それから消費 c_t を差し引いた残りが資産の増分：$\frac{da_t}{dt} = r_t a_t + w_t - c_t$ です。これは線形の常微分方程式であり、微分方程式の教科書を紐解きますと、解法として紹介される1つは積分因子（integrating factor）の手法ですが、他方で経済学には割引因子（discount factor）の考え方があり、これが実はまさに積分因子に他ならず、この場合の積分因子に対する経済学的な解釈

を与えます。割引因子 $f_t \equiv \exp\left(\int_{s=0}^{s=t} -r_s ds\right)$ とは、各変数をそれぞれ時間の
ゼロ時点にまで引き戻した割引現在価値に直してみる考え方であり、時
点ゼロでの 1 単位が、各瞬間に利子を稼得して複利で雪だるま式に時
点 t までに膨らんだ量と当初のゼロ時点の 1 単位とは同価値と考えます。
こうして各変数に割引因子 f_t を乗じて $A_t \equiv f_t a_t,\ W_t \equiv f_t w_t,\ C_t \equiv f_t c_t$ と割引
現在価値に直しますと、当初の $\frac{da_t}{dt} = r_t a_t + w_t - c_t$ は、資産の割引現在価値
の時間微分が、賃金と消費の割引現在価値の差に等しい：$\frac{dA_t}{dt} = W_t - C_t$ と
いう関係に直り、積分して $A_t = A_0 + \int_{s=0}^{s=t}\left(W_s - C_s\right)ds$ を得ます。この割引
因子 f_t が積分因子に他ならず、その直観的意味ないし解釈を経済学が与
えるという恐らくは珍しい例になっております。

3-6 投入産出関係と転置行列

最後に第 6 の例として、転置行列が表す線形写像の経済学的意味付け
を挙げます。レオンチェフの投入産出分析等、経済学ではインプットと
アウトプットが複数存在し、その間が線形で繋がっている場合がよくあ
ります。アウトプット数量のベクトルを x、インプット数量のベクトル
を y としますと、両者の関係は投入産出係数行列 A を用いて $y = Ax$ と書
けます。これは数量同士の関係ですが、他方でインプット価格 q と、ア
ウトプット価格 p を考えます。ここで、インプットに対する支払 $q^T y$ と、
アウトプットの販売収入 $p^T x$ とが常に釣り合い、利益がゼロになると仮
定しますと、価格同士の関係は、実は転置行列 A^T が繋いでくれて $p = A^T q$
となります。何となれば、投入産出係数行列 A の第 i 列第 j 行要素は、第 i
アウトプットの 1 単位を生産する為の第 j インプットの必要単位数を示し
ます。よって利益ゼロならば、第 i アウトプット 1 単位の生産の為に必
要な各インプットに対する支払の合計、すなわち A の第 i 列ベクトルと
インプット価格 q との内積がアウトプット価格に等しい筈という、経済
学的には非常に直観的な関係を転置行列 A^T が仲立ちし、逆にこの役割
を果たすのは転置行列である：$\left[\forall x, \forall q : p^T x = q^T y \text{ where } y \equiv Ax, p \equiv Bq\right]$
$\Leftrightarrow B = A^T$ ということが示せます[10]。

第Ⅲ部　文系学問と数理科学教育

　なおここで、数量についてはアウトプット数量に行列 A を乗じてインプット数量が決まるのに対して、価格についてはインプット価格に転置行列 A_T を乗じてアウトプット価格が決まり、方向が逆転していることに留意すると、転置行列の積の公式 $(AB)^T = B^T A^T$ において、なぜ行列の順番が入れ替わるのかが理解できます。積行列の逆行列 $(AB)^{-1} = B^{-1} A^{-1}$ の公式の場合には、逆写像は復路は往路と逆の方向に戻るのが当然で直観的に明らかなのに対して転置行列の場合には些か判り辛い訳ですが、上記の数量ベクトルと価格ベクトルとの関係は、一つの直観的理解の仕方を提供しています。

4. 市民的教養としての数理科学

　以上駆け足で経済数学の直観的理解のイメージを例示しました。残りの紙面で、経済学の数理化に対する批判も踏まえつつ、文系基礎学・市民的教養としての数理科学について雑感を述べます。

4-1　経済学数理化への批判

　『善と悪の経済学』（Tomas Sedlacek, 2013）（参考文献14）は、その第13章丸々を費やして経済学の数学化をかなり辛辣に批判し、ここでの関心事である直観のことにも触れております。すなわち、数理化の結果、直観が判らなくなってしまい、非常に明らかに馬鹿げた結論であっても看過し、見逃してしまう事態が、特に計量経済学において散見されると糾弾しています。

　数学利用を全否定することには躊躇と議論の余地が残りますが、こうした経済学の数理化に対する批判も踏まえ、文系基礎学・市民的教養としての数理科学についての筆者の雑多な所見を以下に述べます。

4-2　文系基礎学・市民的教養としての数理科学

　第1に、既にサミュエルソンの教科書について述べた通り、少なくとも学部生に対しては数学を振り回すということはサミュエルソンもして

いません。大学院レベルでもサミュエルソンは非常に経済学的直観を重視し、現在でもその伝統下では、きちんと経済的直観を先ずは説明しなければ、話の詳細を聞いて貰えない文化と聞き及びます。

さて、直観的理解は重視するにせよ、一方の直観的理解と他方の厳密な証明等との関係も大事であり、両者が全くパラレルな平行線のままでは拙いと思います。つまり一方で直観的な説明は重要ですが、それが厳密な論証・証明から遊離して、前者の理解に役立たないというのでは画竜点睛を欠いており、通常言語での説明が数式ではどう立ち現れるかというところを繋いで、逆に数理的関係を経済学的な解釈を通じて説明ないし理解するに迄至るようなプロセスが有意義ではないかと思います。

第2に、文系の学生は、概して理系の学生よりも数理系が弱いと見なされています。しかし、数理に強い弱いというのは本当は単純な一次元スケールでは測れず、文系には文系の学生らしい拘りを持ち、オープンエンドで、何を問いかけているのか当初は判然としないような問いかけをする学生がいると思います。文系の学生は、数学について「我慢して勉強すればいずれ判ります」式を受け容れない辛抱の悪さもあり、付き合うのはチャレンジングですが、付き合えばそれなりのリターンが得られる場合があるように思います。例えば、「正規分布の密度関数の式にどうして円周率が登場するのか」という問いは私はなかなかまともな問いだと思いますが、辛抱が悪く単刀直入の答えを求める質問者にどう答えうるかは結構難しい問題かと思います。そういう類いの問いについて、学生をフラストレートさせずに付き合うのは容易ではありませんが、価値のあることと思います。

第3そして最後に、経済学の社会的影響力と、責任に少し触れます。ノーベル経済学賞と経済学の数理化が同時進行したように思える旨を先述しましたが、一つには、経済学が数理化されたことで、イデオロギーから一見解き放たれ、単なる価値判断ではなくなり、自然科学に近づいたという認識が背景にあったと推察します。しかし経済学は実際には、様々の政治的文脈で政策立案に援用されて我々の生活に影響を与えます。

第Ⅲ部　文系学問と数理科学教育

他方、その経済学を作っている当人、例えばドブルーは1983年にノーベル賞を受賞しましたが、それ以前には、彼が社会問題について見解を求められることもさほどなく、自分が作る経済学が及ぼす影響に対する社会的責任を認識もしておられなかったのではないかと拝察します。しかし、数理化された経済学が価値判断やイデオロギーから自由な准自然科学としての絶対的権威をもって無批判に受容され、多大な社会的影響力を及ぼすことの是非は疑問です。市民的教養の観点からすれば、経済学や社会科学が数学を使って過度に密教的ないし秘教的になることは不幸であり、そこは可及的にディミスティファイ（demystify）し、関心のある人々が煙に巻かれないで議論についていけるようにすることが肝要であり、市民的教養の重要な使命の１つであると私は思います。

【注】

1) 委細は例えば参考文献1を参照。
2) 委細は例えば参考文献2を参照。
3) 委細は参考文献3を参照。
4) 委細は例えば参考文献1を参照。
5) 本節が依拠する研究はJSPS科研費23653050の助成を受けました。ここに謝意を表します。
6) 例えば参考文献11を参照。
7) 委細は参考文献12を参照。
8) 委細は参考文献13を参照。
9) 委細は参考文献13を参照。
10) $\left[\forall x, \forall q : p^T x = q^T y \text{ where } y \equiv Ax, p \equiv Bq\right] \Leftrightarrow B = A^T$ の $(\Leftarrow)$ 方向は自明であり、$(\Rightarrow)$ 方向も対偶 $\left[\exists x, \exists q : p^T x \neq q^T y \text{ where } y \equiv Ax, p \equiv Bq\right] \Leftarrow B \neq A^T$ は、$p^T x - q^T y = q^T (B^T - A)x$ なので成立します。

【参考文献】

1. 神取道宏, 2014,『MICROECONOMICS －ミクロ経済学の力』, 日本評論社.
2. 斎藤・岩本・柴田・太田, 2010,『マクロ経済学 － Macroeconomics: Theory and Policy』, 有斐閣.

第 12 章　経済学と数理科学教育の課題

3. KRUGMAN, P., 1991, "Target Zones and Exchange Rate Dynamics," *The Quarterly Journal of Economics*, 106 (3), pp. 669-682.

4. KEYNES, J.M., 1936, *The General Theory of Employment, Interest and Money*, Harcourt Brace Jovanovich.（＝塩野谷他訳，『雇用・利子および貨幣の一般理論』，東洋経済新報社）

5. HICKS, J.R., 1939, *Value and Capital - An Inquiry into Some Fundamental Principles of Economic Theory*, Oxford University Press.（＝安井・熊谷訳、『価値と資本』，岩波書店）

6. SAMUELSON, P.A., 1947, Foundations of Economic Analysis, Harvard University Press.（＝佐藤隆三訳，『経済分析の基礎』，勁草書房）

7. DEBREU, G., 1959, *Theory of Value -An Axiomatic Analysis of Economic Equilibrium*, Yale University Press.（＝丸山徹訳、『価値の理論－経済均衡の公理的分析』，東洋経済新報社）

8. SAMUELSON, P.A., 1948, *Economics - An Introductory Analysis*, McGraw-Hill.（＝都留重人訳、『経済学－入門的分析』，岩波書店）

9. KRUGMAN, P. and WELLS, R., 2004, *Microeconomics*, Macmillan.（＝大山他訳，『クルーグマン　ミクロ経済学』，東洋経済新報社）

10. 岡部・西村・戸瀬，1999，『分数ができない大学生－21世紀の日本が危ない』，東洋経済新報社.

11. DAVIDSON, R. and MACKINNON, J.G., 1993, *Estimation and Inference in Econometrics*, Oxford University Press.

12. AKITA, J., 2007, "On the Geometry of Cholesky Matrix Decomposition," 『研究年報経済学』（東北大学経済学会）68 (3)，pp. 131-143.

13. 秋田次郎，2009，「経済数学教育における接平面概念の利用－包絡線定理とオイラーの定理の幾何学的別証・図解について」『研究年報経済学』（東北大学経済学会）70 (1), pp. 49-58.

14. SEDLACEK, T., 2013, *Economics of Good and Evil: The Quest for Economic Meaning from Gilgamesh to Wall Street*, Oxford University Press.（＝村井章子訳，『善と悪の経済学』，東洋経済新報社）

おわりに

中村　教博

　現代社会は、自然科学や工学・技術、数学といった数理科学なしでは成り立ちません。例えば、レストランで食事会をすることを考えてみましょう。スマートフォンでレストランを検索して、予約サイトで名前、連絡先と予約時間を入力し、地図アプリで目的地にたどり着きます。スマートフォン本体は工学・技術といった数理科学の粋を集めた電子機器であり、また検索エンジンは数学の線型代数学の知識が利用され、さらに予約サイトに情報を入力する際に必要な暗号には素数の知識がふんだんに用いられています。また GPS と連動した地図アプリには、自然科学における相対性理論や量子論の知識が利用され、わずか数メートルの位置精度で、我々を目的地に案内してくれます。日常生活ではなかなか気づきにくいものの、数理科学の知識は縁の下の力持ちとして、我々の社会の土台を支えています。このように数理科学は現代社会を生きる我々にとって、非常に重要であるものの、縁の下に隠れてしまい、数理科学が社会とどのようにつながっているのかを認識できていません。また、現代社会は科学的根拠（データ）を論拠にして政策決定が行われるため、それらのデータを読み、検討できるための数理科学の知識を持つ市民でなければなりません。このような社会情勢にもかかわらず、「私は文科系だから数学はやらない」や「理科系だから人文・社会科学の素養は必要ない」と言った風潮のまま大学に入学する学生が多く、文系・理系それぞれバランスのとれた素養を備えた人材が育たない側面が日本にはあります。諸外国において、数理科学の重要性を認めて、初等教育から高等教育に至るまで STEM（Science, Technology, Engineering and Mathematics）教育が盛んに推進されている中で、我が国はどのように

数理科学教育を推し進めていけば良いのでしょう。このような問題意識を持ち、東北大学 高度教養教育・学生支援機構では、専門教育指導力育成プログラムのひとつとして、文系・理系を問わず、すべての大学生に提供すべき数理科学教育の意義、内容、位置付けを理解し、文系専門教育の基礎としての数理科学教育や市民的素養としての数理科学教育のあり方を議論するための場を提供することにしました。これまで2回にわたって数理科学に関するシンポジウムを開催しています。2015年には「数理科学教育の新たな展開－文系基礎学・市民的教養としての数理科学－」と題するシンポジウムを開催し、続く2016年には「市民的教養としての数理科学教育－大学教育で数量的リテラシーを育てる－」と題するシンポジウムを開催しました。これらのシンポジウムにおきまして、多くの先生方にご講演をいただき、非常に示唆に富む提言がなされました。これらの提言をシンポジウム参加者ばかりでなく、全国の数理科学教育の担当者と共有することは重要と考え、今回その成果を出版する運びとなりました。

第1回目のシンポジウムでは、文系基礎学・市民的教養としての数理科学を取り上げ、数理科学教育の政策面、大学における統計科学の課題と展望、教育学教育における教育測定学、社会における数理科学の現状と課題、経済学における数理科学教育の課題、さらに大学教育における数理科学教育についてご報告いただきました。ご講演の内容をまとめますと、数量的に事象を捉えて、物事を判断できる人材が必要であり、これは大学入学者が身につけておくべき教養的基礎であるとの共通認識であったと考えます。このことは、政策決定や意思決定のための科学の必要性と役割を強調している「科学と科学的知識の利用に関する世界宣言」（1999年，ブタペスト宣言）に基づく人材養成につながる話題でした。

第2回目のシンポジウムでは、教養としての数理科学を取り上げました。具体的には、物事の関連性を認識するために必要な教養教育としての数理科学教育、数理的リテラシーを持つ学際的な人材の育成、文理融合教育としての統計学とデータサイエンス学、さらには物事の価値や意

味を理解した上で数学を教育できる教員養成についてのご報告を頂きました。ご講演の内容をまとめますと、単に数理科学を学ぶだけでなく、その数理科学は社会においてどのような問題解決に役立っているのか、どのように社会と関わっているのかといった「関係性」を認識することが重要であるとの文脈でした。これらのシンポジウムを通して、人文・社会・自然科学分野において、いかにして数理的なセンスを持つ学生を育てていくのか、そのためにどのようなカリキュラムを確立していくべきかといった課題が浮き彫りになりました。また、ただ数理科学に強い学生を育てるだけでは不十分で、社会としてそのような人材をいかに登用していくかといった仕組みづくりについても問題提起がなされました。

上述の「関係性」の認識は、北米の高等教育で近年取り入れられている "ICE モデル"（Young and Wilson, 2000）と似た発想であると感じました。ICE モデルとは、カナダで開発された主体的な学びにつなげるための学習方法とその評価に関するモデルで、Ideas, Connections, Extensions の頭文字をとって名付けられています。Ideas とは個別の基礎知識や事実を表し、Connection とはこれら個別の基礎知識をつなげることを示し、Extensions はつなげられた知識を抽象化して、別の問題に応用することとして説明されています。数理科学は様々な個別の知識（Ideas）を得るだけでなく、数理科学の知識と周辺分野の知識とをつなげること（Connections）で、数理と社会との関連性に気づき、その関連性を問題の解決に応用する（Extensions）という姿勢が必要であると考えます。例えば、九州大学の基幹教育院で開講されている「身の回りの物理学」は大変参考になる試みです。「物理を、物理や数学のみで学ぶだけではなく、より応用に即した学び方」を実践されています。社会における数理科学の役割に焦点を絞り、なぜ数理科学を学ぶのかといった価値や意味を、学生に示した上で数理科学教育を実施されています。

数理科学は、いきなり詳細な計算に立ち入らず、まずは物事を概略図（絵やグラフとして）で表現し、ざっくりと "桁" 勘定で現象を捉えて、その後詳細な検討を始めることが重要だと言われています（例えば、竹

内，2014）。まず大枠を概念図として表すという考えは、数理科学教育に、近年脚光を浴びて来ているインフォグラフィックスといったアート・芸術分野の知識をつなげることも考慮に値するかもしれません。インフォグラフィックスとは、情報やデータ、知識を視覚的に一枚の絵として表現するものです（例えば、木村，2010）。インフォグラフィックスにおいて概念図を作成する際には、情報やデータ、知識をいかに素早く正確に、他者に伝えるかを念頭において、それぞれの情報の概念的なつながりを思考しながら、一枚の絵に仕上げてゆくそうです。このプロセスは、他者に情報を伝えるための基盤的な素養ではあるものの、数理科学の考え方を鍛えるための有効な手段として応用できる可能性があるかもしれません。したがって、アート・芸術分野をSTEM教育に取り入れるSTEAM（Science, Technology, Engineering, Arts and Mathematics）教育が重要視されることは自然の流れなのかもしれません。このSTEAM教育は羽田（2017）において「韓国の事例は、日本の科学技術政策と極めて類似しているが、異なるのは、2011年の第2期計画科学技術人的資源育成教育基本計画で創造的基盤経済を強調し、小学校からは、STEM教育にArtを加えたSTEAM教育を推進していることである」と指摘していることからも、わが国でも導入を検討するべき項目です。

　教養教育としての数理科学は、社会で活用されている数理科学を題材にした教養教育科目を開発し、リベラルアーツを含めたSTEAM教育を学士課程において体得できるカリキュラムを策定していく必要があります。そのために、大学間で連携を図り、さらには教育政策の現場や初等中等教育も含めて、数理科学教育のあり方について議論をし、我が国にとってより良い数理科学教育を推進してゆく必要があると考えます。この書籍がそのためのきっかけになることを期待しつつ、あとがきとします。

【参考文献】

Yonug, S. F., and Wilson, R.J.（2000）. Assessment and Learning: the ICE approach. Winnipeg, MB. Portage and Main Press. 96 p.

羽田貴史（2017）.「STEM 教育をめぐる国際動向と日本の課題」『大学教育学会誌』39（1），81-85.

木村博之（2010）.『インフォグラフィックス―情報をデザインする視点と表現』誠文堂新光社. 255 p.

竹内薫（2014）.『数学×思考＝ざっくりと　いかにして問題を解くか』丸善出版. 170 p.

執筆者一覧（執筆順）

羽田　貴史（東北大学高度教養教育・学生支援機構教授）

北原　和夫（東京理科大学大学院科学教育研究科嘱託教授／
　　　　　　　東京工業大学名誉教授／国際基督教大学名誉教授）

長崎　榮三（国立教育政策研究所名誉所員）

宇野　勝博（大阪大学全学教育推進機構教授）

渡辺美智子（慶應義塾大学大学院健康マネジメント研究科教授）

佐和　隆光（滋賀大学特別招聘教授／京都大学名誉教授）

高橋　哲也（大阪府立大学副学長／高等教育推進機構教授）

根上　生也（横浜国立大学大学院環境情報研究院教授）

桑原　輝隆（政策研究大学院大学教授）

盛山　和夫（東京大学名誉教授）

柴山　　直（東北大学大学院教育学研究科教授）

秋田　次郎（東北大学大学院経済学研究科教授）

中村　教博（東北大学高度教養教育・学生支援機構教授）

企画　編集担当　　　羽田　貴史

数理科学教育の現代的展開
Building Mathematical Science
in Higher Education
© 東北大学高度教養教育・学生支援機構, 2018

2018 年 3 月 20 日　初版第 1 刷発行

編　者　東北大学高度教養教育・学生支援機構
発行者　久道 茂
発行所　東北大学出版会
　　　　〒 980-8577　仙台市青葉区片平 2-1-1
　　　　TEL：022-214-2777　FAX：022-214-2778
　　　　http//www.tups.jp　E-mail：info@tups.jp
印　刷　社会福祉法人　共生福祉会
　　　　萩の郷福祉工場
　　　　〒 982-0804　仙台市太白区鈎取御堂平 38
　　　　TEL：022-244-0117　FAX：022-244-7104

ISBN978-4-86163-305-8　C3037
定価はカバーに表示してあります。
乱丁、落丁はおとりかえします。

JCOPY ＜出版者著作権管理機構 委託出版物＞

本書の無断複製は著作権法上での例外を除き禁じられています。複製される場合は、そのつど
事前に、出版者著作権管理機構（電話 03-3513-6969、FAX 03-3513-6979、e-mail: info@jcopy.or.jp)
の許諾を得てください。

「高等教育ライブラリ」の刊行について──

　東北大学高等教育開発推進センターは高等教育の研究開発、全学教育の円滑な実施、学生支援の中核的な役割を担う組織として平成16年10月に設置された。また、本センターは平成22年3月、東北地域を中心に全国的利用を目指した「国際連携を活用した大学教育力開発の支援拠点」として、文部科学省が新たに創設した「教育関係共同利用拠点」の認定を受けた。この拠点は大学教員・職員の能力向上を目指したFD・SDの開発と実施を目的としている。

　本センターはその使命を果たすべく、平成21年度までに研究活動の成果を東北大学出版会から9冊の出版物として刊行し、広く社会に公開・発信してきた。それはセンターを構成する高等教育開発部、全学教育推進部、学生生活支援部の有機的連携による事業で、高大接続からキャリア支援に至る学生の修学・自己開発・進路選択のプロセスを一貫して支援する組織的活動の成果である。これらの出版は高等教育を専門とする研究者のみならず、広く大学教員や高校関係者さらには大学教育に関心を持つ社会人一般にも受け入れられていると自負しているところである。

　そうした成果を基盤として、共同利用拠点認定を機に、活動成果のこれまでの社会発信事業をより一層組織的に行うべく、このたび研究活動の成果物をシリーズ化して、東北大学高等教育開発推進センター叢書「高等教育ライブラリ」の形で刊行することとした次第である。「高等教育ライブラリ」が従来にもまして、組織的な研究活動成果の社会発信として大学関係者はもとより広く社会全体に貢献できることを願っている。

　　　　　　平成23年1月吉日　木島　明博（第3代センター長）

高等教育の研究開発と、教育内容及び教育方法の高度化を推進する

高等教育ライブラリ

東北大学高等教育開発推進センター 編

東北大学高度教養教育・学生支援機構 編

■高等教育ライブラリ 1

教育・学習過程の検証と大学教育改革

2011 年 3 月刊行　A5 判／定価（本体 1,700 円＋税）

■高等教育ライブラリ 2

高大接続関係のパラダイム転換と再構築

2011 年 3 月刊行　A5 判／定価（本体 1,700 円＋税）

■高等教育ライブラリ 3

東日本大震災と大学教育の使命

2012 年 3 月刊行　A5 判／定価（本体 1,700 円＋税）

■高等教育ライブラリ 4

高等学校学習指導要領 vs 大学入試

2012 年 3 月刊行　A5 判／定価（本体 1,700 円＋税）

■高等教育ライブラリ 5

植民地時代の文化と教育 ——朝鮮・台湾と日本——

2013 年 3 月刊行　A5 判／定価（本体 1,700 円＋税）

■高等教育ライブラリ 6

大学入試と高校現場 ——進学指導の教育的意義——

2013 年 3 月刊行　A5 判／定価（本体 2,000 円＋税）

■高等教育ライブラリ 7

大学教員の能力 ——形成から開発へ——

2013 年 3 月刊行　A5 判／定価（本体 2,000 円＋税）

■高等教育ライブラリ 8

「書く力」を伸ばす ——高大接続における取組みと課題——

2014 年 3 月刊行　A5 判／定価（本体 2,000 円＋税）

■高等教育ライブラリ 9

研究倫理の確立を目指して ——国際動向と日本の課題——

2015 年 3 月刊行　A5 判／定価（本体 2,000 円＋税）

■高等教育ライブラリ 10

高大接続改革にどう向き合うか

2016 年 5 月刊行　A5 判／定価（本体 2,000 円＋税）

■高等教育ライブラリ 11

責任ある研究のための発表倫理を考える

2017 年 3 月刊行　A5 判／定価（本体 2,000 円＋税）

■高等教育ライブラリ 12

大学入試における共通試験の役割

2017 年 3 月刊行　A5 判／定価（本体 2,100 円＋税）

■高等教育ライブラリ 13

数理科学教育の現代的展開

2018 年 3 月刊行　A5 判／定価（本体 2,100 円＋税）

■高等教育ライブラリ 14

個別大学の入試改革

2018 年 3 月刊行　A5 判／定価（本体 3,200 円＋税）

東北大学出版会

〒 980-8577　仙台市青葉区片平 2-1-1
電話　022-214-2777　FAX　022-214-2778
URL : http://www.tups.jp　E-mail : info@tups.jp

東北大学高等教育開発推進センター編　刊行物一覧

「学びの転換」を楽しむ　―東北大学基礎ゼミ実践集―
A4 判／定価（本体 1,400 円＋税）

大学における初年次少人数教育と「学びの転換」
―特色ある大学教育支援プログラム（特色 GP）東北大学シンポジウム―
A5 判／定価（本体 1,200 円＋税）

研究・教育のシナジーと FD の将来
A5 判／定価（本体 1,000 円＋税）

大学における学生相談・ハラスメント相談・キャリア支援
―学生相談体制・キャリア支援体制をどう整備・充実させるか―
A5 判／定価（本体 1,400 円＋税）

大学における「学びの転換」とは何か
―特色ある大学教育支援プログラム（特色 GP）東北大学シンポジウム II ―
A5 判／定価（本体 1,000 円＋税）

ファカルティ・ディベロップメントを超えて
―日本・アメリカ・カナダ・イギリス・オーストラリアの国際比較―
A5 判／定価（本体 1,600 円＋税）

大学における「学びの転換」と言語・思考・表現
―特色ある大学教育支援プログラム（特色 GP）東北大学国際シンポジウム―
A5 判／定価（本体 1,600 円＋税）

学生による授業評価の現在
A5 判／定価（本体 2,000 円＋税）

大学における「学びの転換」と学士課程教育の将来
A5 判／定価（本体 1,500 円＋税）